KLINKA • MEINE KATZE IST ALLERGISCH

RATGEBER RUND UM DIE KATZE

Christine Klinka

Meine Katze ist allergisch

Vorbeugen, erkennen, behandeln
Katzenallergie bei Menschen

Müller Rüschlikon

Einbandgestaltung: Sven Rauert
Lektorat: Myrta Baumberger

Das Dankeschön für die Bildspenden gebührt
vor allem wieder Renate Wald
und (natürlich) »meiner« unentbehrlichen Monika Binder

ISBN 3-275-01440-4

1. Auflage 2002

Grafische Gestaltung: L&N Litho, 71332 Waiblingen
Druck: Druckhaus Münster GmbH, 70806 Kornwestheim
Bindung: Karl Dieringer, 70839 Gerlingen
Printed in Germany

Einleitung

Haare sind die Kinder der Haut, Pickel ihre Sprache – wenn wir wieder mal »blühen«, dann ist das eine Mitteilung der »inneren Art« (die pubertierende Jugendliche ebenso entbehrlich finden wie Erwachsene, die's seltsamerweise immer dann trifft, wenn sie grad besonders fein ausgehen möchten) … Katzen sind vor derlei auch nicht gefeit, wenngleich sie eher selten geschniegelt zu flanieren pflegen (außer auf Shows) und in der Pubertät ganz andere Sorgen haben – aber Haut und Haar geben bildhaft Auskunft über ihr (und unser) momentanes Lebensgefühl und ihren Gesundheitszustand. Weshalb wir jede Veränderung argwöhnisch beäugen und entsprechend reagieren (können) sollten.

Zum »Sprachschatz« der Haut zählen aber nicht nur Allergie-bedingte Hautveränderungen, um die es hier vornehmlich geht, sondern sehr häufig auch Mykosen = Pilzerkrankungen, die oft vergesellschaftet auftreten respektive als Auslöser infrage kommen. Eine Auflistung der wichtigsten Auffälligkeiten, die wir durchaus schon mal mit einer allergischen Reaktion verwechseln können, oder vice versa, soll Ihnen als Fingerzeig die Unterscheidung und eigene Diagnose etwas erleichtern helfen.

Die Behandlungs-Tipps für den Hausgebrauch – sowie als Unterstützung einer allfällig notwendigen ärztlichen Therapie – sind für den richtigen Umgang mit der erkrankten Mieze und einer behaglichen Rundumbetreuung gedacht. SIE als mit-denkender Zweibeiner stehen hier an vorderster Front – nicht, um dem Medikus ins Handwerk zu pfuschen oder mit altkluger Besserwisserei zur Verzweiflung zu treiben – sondern weil Sie Ihre Mieze besser kennen als jeder andere.

- Damit Sie wissen, womit Sie es möglicherweise zu tun haben …
- damit Sie dem Veterinär mit Ihren Beobachtungen und hoffentlich auch zielgerichteten Fragen aktiv zur Seite stehen können …
- damit Sie sich trauen – der Zweck heiligt die Mittel – dem Gott in Weiß schon ein bisschen den Nerv zu töten, wenn Sie aus dem Fachchinesisch nicht klug werden oder Ihnen irgendetwas an der Therapie nicht geheuer vorkommt …

und mit alledem Ihrer Samtpfote bestenfalls eine elend lange Testprozedur ersparen …

… dafür habe ich dieses Buch geschrieben.

Ungetrübtes Glück bedarf keiner erklärenden Worte… Foto: Binder

1. Was sind Allergien?

Allergie nennt man eine angeborene oder erworbene, bis zur Überempfindlichkeit gesteigerte Immunreaktion des Organismus auf körperfremde Substanzen, die Allergene, die im Futter, Umfeld oder in der Luft enthalten sein können. Sie bewirken sofort – 30 Minuten bis zu etwa 6 Stunden – nach ihrem Eindringen in den sensibilisierten Organismus allergische Veränderungen an Haut und Schleimhäuten, die jedoch zunächst häufig nur von kurzer Dauer sind. Erst bei mehrmaliger Einwirkung desselben Allergens entwickeln sich allergische Erkrankungen = Allergosen, wie etwa Reizhusten und Bronchialasthma, oder Entzündungen im Darmbereich mit Durchfall sowie Irritationen der äußeren Haut, beispielsweise durch Ekzeme, Schuppen, Krusten und/oder Juckreiz. Auch das Blutbild kann sich ändern. Angeboren bedeutet in diesem Fall übrigens nicht die Vererbbarkeit einer bestimmten Allergie, sondern lediglich, dass die Anfälligkeit dafür begünstigt wird.

Eine Sofortreaktion kann einen anaphylaktischen (= infolge Überreaktion) Schock mit anschließendem Kreislaufversagen auslösen. Akute Atemnot, Zittern und/oder Gleichgewichtsstörungen sollten Sie also wie die Feuerwehr zum lebensrettenden Tierarzt rasen lassen – tunlichst ohne die sowieso schon verängstigte Mieze durch die Eile zusätzlich aufzuregen.

Wir unterscheiden in

- Inhalations-Allergene, die beim Einatmen aufgenommen werden = Pflanzenpollen, Haare, Staub, Federn etc.,
- Ingestions-Allergene, deren Ursache Nahrungsmittel oder bestimmte Medikamente sein können,
- Kontakt-Allergene, welche durch Hautkontakt = etwa mit Wolle,

Flohallergie, Milben, Haarausfall? – nie gehört! Mir geht's prächtig. Foto: Binder

Reinigungsmitteln, Salben usw. eine entzündliche Reaktion auslösen, und

- Injektions-Allergene, wobei zu medizinischen Zwecken injizierte Substanzen = Impfstoffe, Antibiotika das Immunsystem beleidigt haben.

Die meisten Allergien heute sind Hautkrankheiten in Zivilisationsfolge, also eine sensible »Antwort« auf unsere Umwelt. Apokalyptiker bezeichnen sie als verdiente Strafe für die sukzessive Vergiftung unseres Lebensraumes, während einer weiteren Theorie zufolge aufgrund unserer heutigen Hygiene-»Hysterie« das Abwehrsystem mangels Training lahm gelegt und auf diese Weise einer Renaissance der Allergien Vorschub geleistet würde. Ganz und gar keine Frohbotschaft für einige Mediziner, die zur Ehrenrettung der »bösen Chemie« den Sellerie als häufigste Ursache der Nahrungsmittelallergie und den Hausstaub (mit Milbenkot!) als Spitzenreiter im allergischen Asthma-Rennen ins Feld führen. Und das Meerschweinchen zur wahren Allergiebombe abstempeln.

Das mag nun jeder halten wie er mag, als Theorie Nr. 3 erscheint mir ein Konglomerat durchaus glaubhaft. Tatsache ist, dass zum Beispiel die Methode der Mehrfachimpfung – wie wir sie unseren Katzen gutgläubig angedeihen lassen: Seuche, Schnupfen, Leukose, Tollwut, alles in einem Aufwasch – negativ ins Immunsystem eingreift und seit einiger Zeit sogar als Krebsauslöser diskutiert wird. Und dass nach neuesten Forschungen der übermäßige Einsatz von Antibiotika eine weltweit (mit Spanien und Frankreich an der Spitze) steigende Resistenzentwicklung begünstigt, die auch die körpereigene Abwehr schwächt. Und dass als Nährboden für allergische Reaktionen wiederholt eine Arzneimittel-Überempfindlichkeit festgestellt wurde.

Jeden, der sich schon mal die Beipackzettel von Medikamenten (zum Beispiel simpler Kopfschmerztabletten) zu Gemüte geführt hat, wird das nicht übermäßig wundern, kommt er doch um die wahrhaft staunenswerte Aufzählung der Nebenwirkungen nicht herum ... eine kleine Pille für jede Lebenslage? Und eine winzige Spritze für unsere Mieze, weil die für Tabletten nicht wirklich zu begeistern ist? Wir sind ein wenig leichtfertig geworden – oder legen *Sie* sich mit einer Erkältung zehn Tage brav ins Bett und »schwitzen sie in Ruhe aus«?

Selbstverständlich müssen wir dankbar sein für die unbestreitbaren Segnungen der modernen Medizin, gar keine Frage. Aber wir dürfen nicht vergessen, das Plus und Minus abzuwägen. »Steter Tropfen höhlt den Stein«, belehrt uns ein altes Sprichwort und so ist eine allergische Reaktion als Antwort eines ständig beleidigten Immunsystems leicht denkbar. Das sich in diesem Falle gegen uns richtet, statt uns vor Erkrankungen zu schützen, wie es seine eigentliche Aufgabe wäre.

Die Auslöser sind vielfältiger als die Erscheinungsbilder = die Veränderungen, die wir an der Katze (oder an uns) bemerken. Oder die wir auch nicht bemerken. Weshalb die Diagnose leider häufig sehr kompliziert ist und zwangsläufig manchmal an der Ursache vorbei geht. Oder die Medikation wird derart hoch dosiert, dass das Immunsystem »alle Englein singen« hört. Sprich: die Allergie geht in der Tat meist zurück, doch die Nebenwirkungen würden sogar ein Pferd aus den Hufen kippen lassen. Tierärzte sind aber nun mal keine Wunderheiler, ergo mutiert auf der Suche nach dem »Übeltäter« zwangsweise so manches »Opfertier« zum unfreiwilligen Versuchskaninchen.

Dass wir bei einer Mieze, die sich täglicher Zuwendung in Form von Knuddeln, Streicheln, Bürsten und liebevoller Kommunikation mit Ansprache und Blickkontakt erfreuen darf, schneller Veränderungen bemerken und daher auch rascher reagieren können, versteht sich ja sicher von selbst.

Gesundheit ist Hautsache

Allergische Reaktionen bei der Katze

Den Löwenanteil stellen allergische Reaktionen der Haut.
Einleitend daher zunächst einige »technische Daten« über Haut und Haar quasi als Grundlagenforschung, zum leichteren Verständnis, womit wir es eigentlich zu tun haben.

An meine Haut lasse ich nur das Allerfeinste – aber nicht nur solche Schönheit will gepflegt sein… Foto: Binder

Die Haut: das größte Organ des Körpers

Die aus mehreren Schichten = Cutis (Oberhaut), mit Epidermis und Dermis (Corium, Lederhaut) und Subcutis (Unterhaut) bestehende Haut umschließt die Katze in unterschiedlich dicken Partien: die dicksten befinden sich in der Nacken-, Lenden- und Kreuzbeingegend, die dünnsten am inneren Oberschenkel und im Hand/Fußwurzel-Zehenbereich. Insgesamt gesehen nimmt die Hautdicke vom Rücken zum Bauch beziehungsweise zu den Gliedmaßen hin ab. Im Vergleich zum Menschen ist die Haut der Katze relativ dünn. Und sie hat eine Vielzahl von Funktionen zu erfüllen.

- Zum Schutz des Körpers vor Austrocknung, mechanischen, thermischen und chemischen Einwirkungen und dem Eindringen von Mikroorganismen
- Zur Wärmeisolation mithilfe der (jahreszeitlich bedingten) unterschiedlichen Länge und Dichte des Fells
- Als Ausscheidungsorgan, bei dem über verschiedene Drüsen Sekrete (Pheromone) nach außen abgegeben werden, wie etwa der Talg der Talgdrüsen mit wasserabweisender Wirkung oder die Schweißdrüsen im Sohlenbereich und im Nasenspiegel (die jedoch im Unterschied zum Menschen nicht der Wärmeregulation dienen)
- Als Sinnesorgan durch zahlreiche Nervenenden mit spezifischen Aufgaben
- Und als Speicherorgan für Blut und Fett

Zusammen mit den Haaren und der Subcutis beträgt die Körpermasse beim erwachsenen Tier zwischen 12 und 24%. Ihr Anteil am Stoffwechsel ist beträchtlich. In den Zeiten des maximalen Haarwachstums benötigt die Haut bis zu 30% des täglichen Proteinbedarfs, weshalb die richtige Ernährung für die Hautfunktion essenziell ist und Ernährungsfehler unmittelbaren Einfluss auf das Erscheinungsbild haben. Aufgrund von Nährstoffimbalanzen oder einem absoluten Mangel eines bestimmten Nährstoffes können Dermatosen = Hauterkrankungen entstehen oder begünstigt werden. Weiters steht die Haut in enger Beziehung zu allen anderen Organen und dient sozusagen als Sprachrohr zur Außenwelt, so dass etwa ein Hautausschlag oder andere Veränderungen durchaus im Gefolge von Organerkrankungen auftreten können. Die Haut widerspiegelt also den körperlichen wie seelischen Gesundheitszustand des Individuums – denken Sie nur an Miezes »Selbstenthaarungs-Anfälle« beim

Tierarzt ... oder an das ungebührlich lange Frequentieren des stillen Örtchens nach einer Futterumstellung – was auch uns passieren kann, wenn uns der Bestandteil (etwa ein ungewohntes Gewürz) eines Schlemmer-Mahles im wahrsten Sinne des Wortes nicht gut bekommen ist. Oder wenn wir den Genuss von Erdbeeren mit fiesen roten Pünktchen im Gesicht bezahlen müssen. Oder, besonders ärgerlich, die superteure neue Hautcreme uns nicht in ungeahnter Schönheit erstrahlen lässt, sondern bloß einen dicken Pickel mitten auf der Stirn. Wofür natürlich gleichermaßen Stress der Auslöser sein kann, womit wir wieder elegant die Kurve Richtung Katze gekratzt hätten.

Die Haare: mehr als ein schönes Kleid

Bevor wir uns den krankhaften Ursachen des Kleiderwechselns zuwenden, möchte ich noch den Begriff »haaren« präzisieren: Bleiben beim Streicheln immer wieder einige/mehrere Haare an der Handfläche kleben oder lösen sich und »fliegen«, dann ist das genauso normal wie ein bisschen Haar oder Flaum in der Bürste/im Kamm. Wenn wir uns frisieren, verlieren wir auch Haare und denken nicht gleich panisch an gröberes Ungemach und Glatze. Sie dürfen auch bitte nicht jede Katze über den »gleichen Kamm scheren« – sie haben alle eine andere Textur und einen differenten Zyklus im Wachstum, auch wenn sie eng verwandt sind. Und seidige Flusen oder Unterwolle wechseln ganz anders wie das Deckhaar.

Manche Katzen haaren insgesamt gesehen relativ wenig, legen aber dafür alle zwei, drei Jahre Kissen füllende Berge ab. Wird zwei Wochen lang täglich intensiv gebürstet und gekämmt, herrscht danach wieder für längere Zeit Ruhe. Das betrifft vorwiegend Kurzhaarkatzen, die – weil doch so »pflegeleicht« – wesentlich seltener Unterstützung bei der Toilette erfahren als ihre längerhaarigen Verwandten. Die ohne täglich helfende Hände respektive Werkzeuge ziemlich schnell schmuddelig werden, erkennbar an filzigen Zotten und Platten, die von einem unangemessen tiefen Einverständnis des Besitzers mit der Faulheit zeugen. Das muss wirklich nicht sein und ist für Mieze zudem mit Unbehagen und Schmerzen verbunden. Wer für Pflege nichts übrig hat, ist mit einer Porzellankatze besser bedient.

Das geheime Leben der Fellhaare

Geheim deshalb, weil sich genau genommen das ganze Jahr über »etwas tut« im Lebenszyklus des Fellkleides. Wir bemerken es bloß nicht. Im Gegensatz zu den Sinneshaaren haben Fellhaare im Laufe ihrer drei Entwicklungsstufen eine relativ kurze Lebensdauer: Während der Wachstumsphase sprießen ca. 0,3mm/Tag durchschnittlich ein bis drei Monate lang = Übergangsphase, danach wird die Nährstoffversorgung unterbrochen, das Zellwachstum endet = Ruhephase, und das Haar stirbt ab. Der Wachstumsrhythmus der einzelnen Haare verläuft allerdings nicht synchron, das heißt: Die in der Haut nebeneinander stehenden Haare befinden sich unabhängig voneinander in den verschiedensten Entwicklungsphasen – weshalb sich auch permanent welche in der Bürste finden. Im Sommer wird bereits emsig am Winterpelz gearbeitet, da drängeln circa 50% ans Licht, während sich im Winter nur müde 10% bemühen. Die Jahreszeit = Tageslichtlänge wirkt sich trotzdem vorwiegend bei freilebenden/Garten-besitzenden Katzen aus. Bei einer nur im Haus gehaltenen Mieze kommt der »natürliche Rhythmus« (im Zusammenhang mit einer relativ gleichmäßigen Umgebungstemperatur) etwas durcheinander und sie haaren eben – in Grenzen, dafür ausgewogener verteilt – das ganze Jahr über ein wenig stärker als die Wanderlustigen. Theoretisch kann aber Mieze auf ihrer Privatwiese am Fensterbrett vermehrt Licht »tanken« und mit saisonaler Entkleidung reagieren, ähnlich der Freigängerin. Zusätzlich wird gegen Ende des Winters (meist Januar/Februar) die Unterwolle drastisch reduziert, einmal weil in der warmen Jahreszeit der doppelte Pelzmantel schlicht entbehrlich ist und weil andererseits das dünnere Haarkleid Licht/Luft/Sonnen-»durchlässiger« die Haut tief durchatmen lässt. Gehören Sie zu den ständig Frierenden, die schon im Oktober die Heizung zur Höchstleistung zwingen, schmeißt Mieze den überflüssigen Pullover vielleicht schon vom November, Dezember an weg.

Zu den Ausnahmen zählen (häufig, nicht immer) Kastraten beiderlei Geschlechts und sehr alte Katzen, bei denen sich durch hormongesteuerte Imbalanzen beziehungsweise biologischen Abbau das Haarwachstum zügig gegen Null entwickeln kann (Alopezie). Oder die im Gegenteil zu übermäßiger Behaarung neigen, welche ganz gern auch noch fett und filzig wirkt. Verstärkte Hilfe bei der Fellpflege und homöopathische Unterstützung können das ausgleichen:

> **Tipp** **Haarausfall mit hormoneller Ursache: Sepia D12, 2x täglich zwei Wochen lang; Verfilzungen, Haarzotten: Calcium fluoratum D12, 2x täglich für drei Wochen.**

Aber: Verfallen Sie bitte nicht in einen Kämm-Wahn, denn das fördert nicht nur die Ekzembereitschaft der Haut, sondern auch die Talgproduktion.

Scheint Mieze allerdings nicht nur abwechselnd das Mäntelchen respektive die Dessous abzulegen, sondern mehr oder weniger komplett aus der Wäsche zu steigen, oder das Fellkleid ist stumpf, fettig, unansehnlich oder mit Schuppen bedeckt, sieht die Geschichte weit weniger normal aus und könnte Indiz für eine Erkrankung sein.

Wenn Katzenkinder sich »entblättern«

Auch kleine Kätzchen – vorwiegend zwischen der 2. und 8. (selten bis zur 20.) Lebenswoche – sind vor einer haarigen Malaise nicht gefeit und der seidenweiche Babyflaum lässt sich an bestimmten Körperstellen (wie z. B. Unterbauch, Nacken, Hinterkopf, Rücken) mit den Fingern urplötzlich so leicht wegzupfen wie der Flor vom samtenen Sonntagskleid nach der Motteninvasion. Die beliebteste Erklärung sind Stoffwechselstörungen. Manche Tierärzte nicken ob dieser Theorie tiefsinnig mit dem Haupt, während andere kategorisch erklären, sowas gäbe es gar nicht.

Die Ursache ist sehr viel einfacher: Baby wechselt quasi die Strampelhöschen. Normalerweise entwickelt sich das zweite Babyfell, ohne dass das erste sichtbar abgestoßen wird – manchmal teilweise aber halt doch. Das ist weiter kein Drama, also rupfen Sie das Kitten sachte (natürlich nur dort, wo Ihnen das Fellchen »von alleine« in die Finger fällt) und ersparen ihm heilkundige Eingriffe, denn in Kürze wird die volle Pracht von ganz alleine wieder nachgewachsen sein.

Allergie oder nicht Allergie – das ist hier die Frage

Jede Katze mit einer allergischen Reaktion des Organismus sollte zwecks genauer Diagnose einem Veterinär vorgestellt werden – es sei denn, Sie kennen den Auslöser ganz genau: etwa wenn Sie Mieze

Heiliger Mäusezahn, was juckt mich denn da gar so sehr? – Freigänger sind für Ungeziefer leichte Beute. Foto: Binder

mit einem neuen Futter, Leckerchen oder Futterzusatz beglückt haben und sie plötzlich Pusteln oder Durchfall bekommt. Und die Anzeichen nach Übereignung des Übeltäters in den gemeinen Hausmüll von alleine wieder verschwinden. Manchmal ist allerdings der Darm so beleidigt, dass er sich ohne Hilfe nicht wieder beruhigen kann.

Tipp **Versuchen Sie, das Problem mit Nux vomica D6, drei Gaben im Abstand von je 10 Minuten, danach 3-4 x täglich, in den Griff zu bekommen. Bemerken Sie spätestens am zweiten Tag keine deutliche Besserung = Tierarzt!**

In meinem gepflegten Büro hat ekliges Krabbelzeugs (fast) keine Chance. Foto: Biller

Zu den »klassischen« Ursachen allergischer Dermatosen (mit unterschiedlichen Anzeichen und Behandlungsmöglichkeiten) zählen

- *Ektoparasiten*
(Ekto = auf der Körperoberfläche lebend) Als Bösewicht Nr. 1 tritt hier der Floh auf den Plan, genau genommen sein Speichel = einige Bestandteile können bei allergiebereiten Tieren Spätreaktionen hervorrufen. Juckreiz, Pusteln und Krusten auf dem ganzen Körper – vorwiegend aber im Kopfbereich, am Bauch und in den Gelenkbeugen – gelten als Anzeichen.
Ganz wichtig: Vorsicht bei angeblich giftfreien, biologischen Mitteln zur Parasitenbekämpfung. Sie enthalten verschiedene, stark riechende Öle, die nicht nur nichts nützen, sondern zudem schwere Unverträglichkeiten hervorrufen und für Mieze durchaus lebensbedrohlich sein können. Da sie nicht der Arzneimittel-Registrierung unterliegen, gibt es auch keinerlei Tests auf Verträglichkeit.
Auch Sarcoptes-Räude (= Milben) besiedeln gern sensibles Terrain – soll heißen: Katzen, deren Organismus durch eine seelische oder körperliche Krankheit so geschwächt ist, dass sie für Schmarotzer wortwörtlich ein »gefundenes Fressen« abgeben. Die Räude beginnt am Kopf/den Ohren und breitet sich schließlich bis zur Schwanzspitze aus. Haarausfall, Hautverdickungen mit Falten- und Schuppenbildung lassen darauf schließen.

- *Kontaktallergene*
Hierbei reagiert die Haut, wie der Name schon sagt, allergisch auf den Kontakt mit irritierenden, reizenden Stoffen = etwa das in Flohhalsbändern enthaltene Dichlorvos. Oder auf chemische Substanzen, wie sie in Reinigungsmitteln vorkommen oder für die Herstellung von Futternäpfen aus Kunststoff verwendet werden. Die Entzündung (gerötete Haut, später kleine Pusteln = »Gänsehaut«) beschränkt sich für gewöhnlich auf die Kontaktstelle und weitet sich nur bei zusätzlichem Juckreiz aus.
Auch die lokale Reizung einer Solardermatitis an den Ohren weißer Katzen durch UV-Strahlen gehört zu dieser Gruppe.

- *Nahrungsmittelallergie*
Viele »Verdächtige« begünstigen zahlreiche Fehldiagnosen ... denn nur zwischen ein und sechs Prozent aller Hauterkrankungen gehen tatsächlich auf eine Futtermittel-Unverträglichkeit zurück. Auslöser sind meist spezifische

Kontaktdermatitis? Nicht bei *diesem* Kontakt... Foto: Mabrouk

Eiweißverbindungen sowie Farb- und Konservierungsstoffe. Wir sehen entweder Schuppen und Krusten im Kopf- und Schwanzbereich, oder Geschwüre im Gesicht zwischen Augen und Ohren (daher oft verwechselt mit Ohrmilben), im Genick und an den Schultern. Magen- und Darmprobleme (blutiger Durchfall) und starker Juckreiz kennzeichnen diese Indisposition.

• *Arzneimittelüberempfindlichkeit*
Typische Charakteristika, die eine präzise Diagnose ermöglichen, gibt's leider keine – waren jedoch vor Verabreichung eines Medikamentes keinerlei Auffälligkeiten zu bemerken, bietet jede Art von Hautveränderung »danach« den ersten Beweis. Und das Verschwinden der Symptome innerhalb von etwa zwei Wochen nach Absetzen des Medikamentes die Sicherheit. Eventuelle Geschwüre und Juckreiz müssen jedoch behandelt werden.
Beschrieben werden krankhafte Reaktionen von Haut und Nervengewebe auf Sulfonamide, Ampicillin, Penicillin, Tetracyclin, Neo-

mycin, Miconazol, Dichlorvos, Quecksilberverbindungen und Tollwut-Impfstoffe – also so ziemlich alles, was am meisten verwendet wird. Seruminjektionen (zum Beispiel) können auch einen anaphylaktischen Schock auslösen.

- *Die atopische Dermatitis/Neurodermitis*
  (Atopie = Überempfindlichkeit, Neuro = Nervengewebe) Diese entzündliche Reaktion auf Allergieauslöser, die über die Haut aufgenommen werden, haben ihren Ursprung in der Umwelt – vorwiegend Hausstaub (= Milben) und Blüten/Gräserpollen, die Atemprobleme und sogar allergische Asthmaanfälle auslösen können.

- *Der miliare Dermatitis-Komplex*
  Wir finden Ekzeme, vorwiegend Krusten, die sich im Nacken, um den Hals und auf der Kruppe konzentrieren. Im dichten Fellkleid lassen sie sich oft eher fühlen als sehen. Dem Krankheitsbild liegen verschiedene – leider unbekannte – Ursachen zugrunde. Die Diagnose kann ausschließlich der Tierarzt stellen – ABER es gibt mehrere Erkrankungen, die das gleiche Erscheinungsbild hervorrufen oder sich mitunter überlappen: eine Überreaktion auf Flöhe oder Flohhalsbänder (= Kontaktallergie), auf Nahrungsmittel oder auch Räude(milben) sind möglich.

Wenn die Haut sich wehrt

Die Beschreibung hat uns zweifellos klüger gemacht (oder?) – aber auch den Haken an der Geschichte und unsere Grenzen deutlich gezeigt: Selbst mit enormem Feingefühl und wild aktiviertem Adlerauge könnten wir wohl höchst selten einzelne Anzeichen wirklich präzise zuordnen – die sich bedauerlicherweise auch nicht immer an die klinische Beschreibung halten ... Weshalb ich zum besseren Verständnis nachfolgend das »Pferd andersrum aufzäumen« möchte = denn aufmerksam werden wir ja erst, wenn wir etwas bemerken, das »neu« ist, »vorher« noch nicht da war oder uns zumindest bislang nicht aufgefallen ist.
In diesem Kapitel werden daher nicht nur allergische Reaktionen, sondern auch ähnliche Erkrankungen behandelt, die sehr oft vorkommen und durchaus schon mal damit verwechselt werden (können). Für die empfohlene Behandlung im Falle möglicher Eigenregie werden

ausschließlich Homöopathika genannt – eine Heilmethode, die sich in erster Linie nach Symptomen richtet und nicht nach der Diagnose. Das heißt, der Homöopathie ist der Auslöser im Prinzip »egal«, trotzdem erstreckt sich die Wirkung sehr wohl auch auf die Grunderkrankung.

Selbstverständlich nicht immer: Wenn wir bei unklaren Verdauungsstörungen mit Erbrechen, wechselndem Appetit, schmierig-lehmfarbenem Stuhl und dunkelgelbem Harn homöopathisch eine deutliche Verbesserung erreichen konnten, heißt das nicht zwangsläufig, dass wir damit den Leberschaden (als mögliche Ursache) geheilt haben. Weshalb Sie Hinweise auf eventuelle Organerkrankungen entsprechend ernst nehmen und vom Fachmann abklären lassen sollten – der natürlich ein Homöopath sein darf. Eine gute Wahl vor allem bei chronischen Erkrankungen und Überempfindlichkeiten.

Es heißt gern, Naturheilkunde wäre etwas für geduldige Leute, denn es gäbe keine spektakulär-schnellen Heilerfolge – das ist nur bedingt richtig und kommt auf die Erkrankung an: Bei akutem Auftreten (von der fiesen Schnupfenattacke bis zum Schock) wirkt das passende Mittel in null Komma nichts ... Für eine »nur so«-Behandlung nach dem halbherzigen Motto: »hilft's nichts, schadet's auch nichts« ist Homöopathie jedenfalls ganz und gar NICHT geeignet.

Tipp

Bevor wir uns nun aber auf Spurensuche begeben ein ganz wichtiger Hinweis: Pappen Sie bitte (jegliche) Puder NUR auf trockene Hautstellen und kommen Sie bloß nicht auf die Idee, nässende Prozesse damit »auszutrocknen«!! Offene Hautbezirke brauchen Lösungen, Emulsionen, Gele oder Pasten – genauso wie die kriminell aufgeschürften Knie Ihrer Kids (wobei Sie an Johanniskrautöl denken sollten, es hat eine enorme Heilwirkung)!

Selbstverständlich müssen Sie alles, das Ihnen nicht geheuer vorkommt und dessen Behandlung Sie sich nicht zutrauen (oder aufgrund akuter Gefahr nicht angezeigt scheint), in qualifizierte Hände legen!!

Empfehlung für die Verwendung homöopathischer Heilmittel:

Dosierung: wie angegeben, oder

1) Bei akuter, schnell einsetzender Krankheit zu Beginn jede Stunde eine Gabe, etwa 3-4-5 Mal, danach mit einsetzender Besserung Abstände vergrößern und an den Folgetagen, wenn nötig, 3 x täglich bis zur Heilung.
2) Bei weniger akuten Erkrankungen reichen üblicherweise 3 bis 2 Gaben für einige Tage.
3) Bei chronischem Verlauf werden meist Hochpotenzen (ab D30 und höher) verwendet, dafür in größeren Intervallen und über längere Zeit hinweg gegeben (etwa 2-3 x wöchentlich für bis zu 6 Wochen)

Eine Gabe, das ist
1 Tablette oder
5-10 Globuli (Streukügelchen) oder
1 MSP Pulver

- Wenn Sie »mehr erwischen« = keine Panik: eine Überdosierung ist nicht möglich!!
- Tabletten/Globuli/Pulver sind auf Milchzucker-Basis hergestellt und fast geschmacklos (probieren Sie's mal) und werden daher ohne gröbere Probleme genommen = einfach »einwerfen« (über die Mundschleimhaut aufgenommen setzt die Wirkung schneller ein als über den Magen! – wichtig bei akutem Stadium) oder in einem TL Lieblingsfutter oder einem Leberwurstkügelchen so »verstecken«, dass Sie sicher sein können, dass die Medizin auch ihren Bestimmungsort nicht wieder verlässt.
- Globuli quellen gern aus dem Mäulchen = nehmen Sie mehr (10-15), damit wenigstens ein paar »durchkommen«. Oder wählen das Pulver oder die Tabletten = 2 Tropfen Wasser auf eine Tablette und dann auf der Zunge abstreifen bringt's!
- Homöopathika sollten nicht mit Metall in Berührung kommen – nehmen Sie einen Plastiklöffel (die kleinen Speiseeis-Löffelchen eignen sich hervorragend).
- Verwenden Sie keine Tropfen, da sie Alkohol enthalten, den Katzen nur schwer abbauen können. Außerdem schmecken sie echt eklig.

Potenzen: wie angegeben – bitte die Verdünnung (= meist 6, 12, 30, 200) NICHT willkürlich ändern! Lediglich bei Heilmitteln, die in der D-Potenz nicht erhältlich sind, können Sie auch C-Potenzen wählen.

Die »Erstverschlechterung«:
Davon haben Sie vielleicht schon einmal gehört: Treten die Symptome (die wir eigentlich bekämpfen wollen) nach den ersten 1, 2 Gaben stärker auf – keine Sorge – dann hat das Mittel präzise »getroffen«. Das kann es allerdings auch ohne diesen »Hinweis«!
Die einsetzende Besserung ist leicht am Allgemeinzustand, manchmal auch an einem »Gesundheitsschläfchen« ebenso erkennbar wie am Nachlassen der Merkmale. Sobald der Normalzustand erreicht ist (nicht früher), aufhören!!! Bitte nicht »zur Sicherheit« weiter geben, Sie *könnten ein Neuauslösen begünstigen.*

»Fettschwanz«

Ein beinahe klassisches »Leiden«, vorwiegend – aber nicht nur – von Katern. Die Talgdrüsen auf der Schwanzoberseite sind besonders groß und Testosteron stimuliert die Produktion. Hormonumstellungen/Behandlungen können ebenfalls mitwirken. Um fettige Schuppen, Krusten und Haarausfall zu vermeiden, sind in leichten Fällen entsprechende Puder hilfreich. Das gern empfohlene Kartoffelmehl saugt freilich lediglich auf und erzeugt einen klebrigen Papp, der ein Bad unumgänglich macht. Auskämmen wäre schmerzhaft und würde der Katze zudem alle Haare ausreißen. Unter den Züchtern kursieren spezielle Geheimrezepte, die im Prinzip den gleichen Erfolg haben wie Waschungen mit einem simplen Geschirrspülmittel (pur aufgebracht, einmassiert, aufgeschäumt, penibel ausgespült). Wesentlicher Faktor ist, dass das Shampoo nicht rückfettend sein darf (wie es Haarshampoo ist) und so lange gespült werden muss, bis das Wasser klar ist. Wenn Sie »harte Bandagen« wie GoJo oder Goop verwenden, denken Sie daran, dass dadurch der Säureschutzmantel der Haut angegriffen wird: Die Haut wird trocken, rissig und anfällig für Entzündungen, die Abwehrkraft lässt nach. Weshalb Sie dem dergestalt malträtierten Stimmungsbarometer gelegentlich ein Wohlfühl-Bad mit pflegenden Essenzen gönnen müssen.

- Innerlich ist der Katze sehr geholfen mit Calcium carbonicum D6, 3 x täglich
- Finden sich zusätzlich Schuppen (häufig auch ein Zeichen für eine beginnende Störung im Stoffwechsel = kein Trockenfutter könnt's bringen), geben wir 2 x täglich für 10 Tage entweder Sulfur D6 (große Schuppen auf oft warmer, geröteter Haut) oder Arsenicum album D6 (bei kleinen, fast staubigen Schuppen auf eher blasser, trockener Haut).

»Schmutziges« Kinn

Das gibt's relativ häufig. Es ist Akne, die gern dann entsteht, wenn Mieze über dem Futternapf hängt wie weiland am Dauertropf und sich nicht jedesmal danach gewissenhaft putzt. Auch Speichelfluss (= schlechte Zähne?) hält die Kinnpartie feucht und macht anfällig. Anfangs sehen wir kleine schwarze (Schmutz-) Pünktchen, dann lichtet sich das Haar und es bilden sich Pusteln, die mit Eiter oder einer wässrigen Flüssigkeit gefüllt sein können und nach dem Aufbrechen in grau-schwarze Krusten übergehen, die beim Ablösen bluten. Die-

Im fortgeschrittenen Seniorenalter produzieren auch Kastraten (beiderlei Geschlechts) mehr Talg, gekennzeichnet durch am Schwanzansatz etwas aufstehende, leicht fettige Büschel = hier noch im absolut vertretbaren Rahmen. Weiße Katzen sollten übrigens – wie dieser kluge Pensionär – Sonne nur »gesiebt« genießen. Foto: Glöckner

se durch Bakterien hervorgerufene Hautfinnen-Erkrankung kann sich in der Folge über Kopf und Brust ausbreiten.

Mieze fühlt sich unbehaglich, häufig juckt es auch. Der Verlauf ist chronisch, akute Schübe sind nicht selten. Der Tierarzt wird es mit einem Breitbandantibiotikum versuchen (und häufig scheitern), Ihre Mithilfe durch tägliche sorgfältige Reinigung ist jedoch unerlässlich:

- Im Anfangsstadium werden die Schmutzpartikel (auf maximal etwas geröteter Haut) mit einer weichen, ausgeleierten Zahnbürste vorsichtig ausgebürstet und danach wird ein wenig Johanniskrautöl aufgetupft.
- Gleichzeitig verabreichen wir Mieze (bei vielen kleinen Knötchen) Silicea D12, 3x täglich für 8 bis 14 Tage.
- Für bereits offene, nässende Stellen (*kein* Puder!!) wäre die Zahn-

Wahre Kratzorgien sind immer ein Grund, das menschliche Adlerauge zu aktivieren – von Allergie bis Zecken ist alles möglich. Foto: Binder

bürste viel zu schmerzhaft, wir baden daher (wie jede offene Wunde) die betroffenen Stellen einige Male am Tag mit einem in 10fach verdünnte Calendula-Hypericum-Lösung getauchten Wattebausch oder Zellstoff. Behutsam trocknen und danach etwas Johanniskrautöl (das sie auch ablecken darf) aufbringen – oder eine vom Tierarzt verordnete Salbe (tunlichst ohne Cortison). Neigt Mieze dazu, die Salbe beim Putzen abzulecken, werden Sie ihr den (nach Möglichkeit zu vermeidenden) Halskragen nicht ersparen können.

- Innerlich unterstützen wir den Heilprozess (der eitrigen oder wässrigen Pusteln) mit Hepar sulfuris D12, 3 x täglich für 8 bis 14 Tage.

Übrigens: Akne kann ebenso die Fernwirkung eines gestörten Hormonhaushaltes sein wie Verdauungsstörungen zur Ursache haben! Bleibt Ihren Bemühungen der Erfolg versagt, sollten Sie den Medikus hinzuziehen.

Juckreiz

Gelegentlich fällt uns gar nichts auf, außer dass Mieze sich deutlich mehr kratzt als sonst. Schlichter Juckreiz kann Symptom verschiedener Hautkrankheiten wie Parasiten, Mykosen (= Pilz, siehe entsprechendes Kapitel), Entzündungen oder Allergien sein. Aber auch innerer Erkrankungen wie chronischen Magen/Darmbeschwerden (Durchfall und Erbrechen), Diabetes (gekennzeichnet durch einen Mordsappetit bei gleichzeitigem Gewichtsverlust = Tierarzt), Leber- (aufgrund Vergiftung, Viren, Bakterien, Wurmbefall = Tierarzt) und Nierenleiden (Blut im Urin, Berührungsempfindlichkeit = Tierarzt).

Zunächst sollten Sie Mieze mit einem Flohkamm penibel »filzen«, um eventuelle Untermieter aufzuspüren.

Setzen Sie sie dazu auf eine weiße Unterlage: dunkle Krümel, die sich nach Anfeuchten rot färben = Flohkot (= getrocknetes Blut) reichen aus für die Diagnose, selbst wenn Sie keinen der Plagegeister persönlich sichten.

Da Flöhe nicht wirtstreu sind, steht Ihnen eine gröbere Aktion bevor, denn Sie müssen den gesamten Wohnbereich in die Bekämpfungsstrategie mit einbeziehen – eine Behandlung der Katze allein, womöglich gar nur mit einem simplen Flohhalsband oder einem Spray, wird die Flöhe bloß einen Hustenanfall kosten und nur wenige dahinraffen … machen Sie keine halben Sachen, wenn nur einer überlebt,

Zunächst kommt der Flohkamm zum Einsatz – eine weiße Unterlage würde das Aufspüren möglicher Untermieter sehr erleichtern. Foto: Binder

haben Sie die Schlacht verloren und dürfen wieder von vorn anfangen.

Lassen Sie sich für die Mittel der Wahl ausschließlich von einem wirklichen Fachmann (= Tierarzt, Apotheker) beraten!!!

- Dem Juckreiz können Sie je nach Krankheitsbild wie folgt zu Leibe rücken:
  * ...aufgrund Flohbefall: Pulex Irritans C8, 3 x täglich
  * ...bei starkem Juckreiz mit trockener Haut und Rötungen: Cortisonum D12, 3 x täglich
  * ...bei starkem Juckreiz verbunden mit trockener Haut, oder Scherpilzflechte, oder abstoßendem Ausfluss, Ohr- und/oder Augenentzündungen: Psorinum D30, 1x täglich für 14 Tage. Dieses wertvolle Hautmittel eignet sich gut zur Ergänzung anderer Medikamente
- Chronische Magen-Darmprobleme können Sie – wenn Miezes Allgemeinbefinden unbeeinträchtigt ist = sie normal Appetit zeigt und kein Gewicht verliert – mit Nux Vomica D6, 3-4 x täglich für 1 bis 2 Wochen in den Griff bekommen

Bei den folgenden Anzeichen ist meistens ebenfalls Juckreiz zu beobachten:

Biss- und Kratzwunden
sollten Sie sofort untersuchen und reinigen (lassen = Tierarzt). Bei Bissverletzungen schließt sich die Wunde relativ rasch, weshalb man sie bei lädierten Freigängern oft erst spät bemerkt. Eitrige Infektionen mit lokalen Schwellungen, Abszessbildung und Geschwüren können die Folge sein. Bestenfalls, denn auch eine Übertragung von in der Mundhöhle lebenden Krankheitserregern oder von infektiösen Viruserkrankungen ist nicht auszuschließen. Ein Abszess an der Kehle oder unter dem Auge kann auch durch faulende Zahnwurzeln ausgelöst werden!

- Myristica sebifera (Apotheke) ist ein gutes Mittel zur Desinfektion der Haut.
- Bei ALLEN äußeren Einwirkungen = Verletzungen ist Arnica (in jeder Potenz) eine wertvolle Hilfe bei der Heilung. Empfohlen: D30, 1-3 x in stündlichen Intervallen genügt.
- Bei punktförmigen Verletzungen wie von Zähnen (die häufig rasant anschwellen) oder Insekten hilft Ledum (ebenfalls in jeder Potenz), empfohlen: D12, 3 x täglich für 2-3 Tage.
- Eiternde Wunden, vor allem bei extremer Schmerzempfindlichkeit, verlangen nach Hepar Sulfuris M200, 3 x wöchentlich über 4 Wochen lang.

- Hat sich eine offene Wunde allmählich chronisch infiziert und das Gewebe ist mit Fisteln durchsetzt, hilft Silicea (DAS Hautmittel schlechthin, lässt auch Pickel schmelzen) D 200, 3 x wöchentlich 4 Wochen lang.

Raue Haut, schuppig, gerötet, nässend

Die Auslöser für diese Form der Ekzem-Bereitschaft sind vielfältiger Natur: Alkalische Seifen, Mineralölprodukte, bakterielle Infektionen, einseitige Ernährung, Zuckerkrankheit und unerkannte innere (chronische Magen/Darm-) Erkrankungen können ebenso vorliegen wie eine Arzneimittelüberempfindlichkeit. Kranke und/oder schlecht gepflegte/gehaltene Tiere leiden leicht an einem Schmutzekzem.

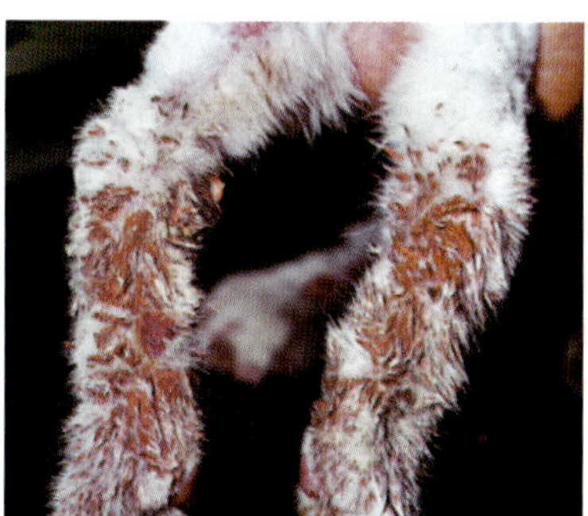

So schrecklich kann ein Kontakt mit Rostschutzmittel ausgehen! Foto: Kraft/Dürr, Med. Tierklinik München

Zu Beginn werden wir meist mit Ex-/Sekretverklebungen im Kopfbereich = Augen, Nase, Mund, sowie Pfoten und Schwanzansatz als auch am Anus und den Geschlechtsorganen konfrontiert. Seltener am Bauch und auf der Unterbrust. Die Haut wird rau, schuppig, gerötet, nässend, bisweilen bilden sich eitrige Krusten, die durch das Kratzen aufgerissen, bakteriell infiziert werden und sich weiter ausbreiten. Je nach Schweregrad und Ursache ist das Allgemeinbefinden deutlichst gestört und die arme Katze bedarf unverzüglich hilfreicher Hände.

- Zunächst überprüfen wir die Ernährung auf Ausgewogenheit und Abwechslung (zu viel Fisch?) und suchen nach Hautparasiten = Flöhe (siehe oben), Ohr- (braune Pünktchen oder Krusten) und/oder Räudemilben (Haarausfall, Hautverdickung, kleieartige Beläge – immer mit Juckreiz) = Tierarzt!
- Für die Augen eignet sich jedes milde (z. B. Euphrasia) Augenwasser. Sind sie ansonsten unbeeinträchtigt (= nicht entzündet), kann eine Heilsalbe (= Tierarzt) unterbleiben.
- Offene, nässende und verklebte Partien behandeln wir wie bei Akne beschrieben. Auch raue

und/oder gerötete, entzündete Haut freut sich über Johanniskrautöl. Innerlich ist Mieze mit Mercurius solubilis D6, 3 x täglich für 1 bis 3 Wochen sehr geholfen.

- Steht eher Schorfbildung im Vordergrund, versuchen wir mit Mezerum D6, im Wechsel mit Petroleum D6, 3x täglich bis zur Heilung, dagegen anzugehen.

Gerötete, geschwollene Haut

Die Haut fühlt sich außerdem sehr warm an und Berührung schmerzt. Durch Kratzen kann Gewebsflüssigkeit austreten. Es gibt verschiedene Formen von Dermatitiden, die durch Traumen (= Wunden, Verletzungen), mykotische oder bakterielle Infektionen oder Milbenbefall zustande kommen, gelegentlich auch durch Sonnenbrand (= Ohren weißer Katzen). Das Allgemeinbefinden ist gestört, Fieber kann auftreten. Wundbrand, Phlegmone (= Zellgewebsentzündung) und Gewebstod kann schlimmstenfalls die Folge sein, wenn keine Hilfe naht = Tierarzt.

Im Zweifel ist der Medikus gefragt – der's natürlich penibel angeht... Foto: Binder

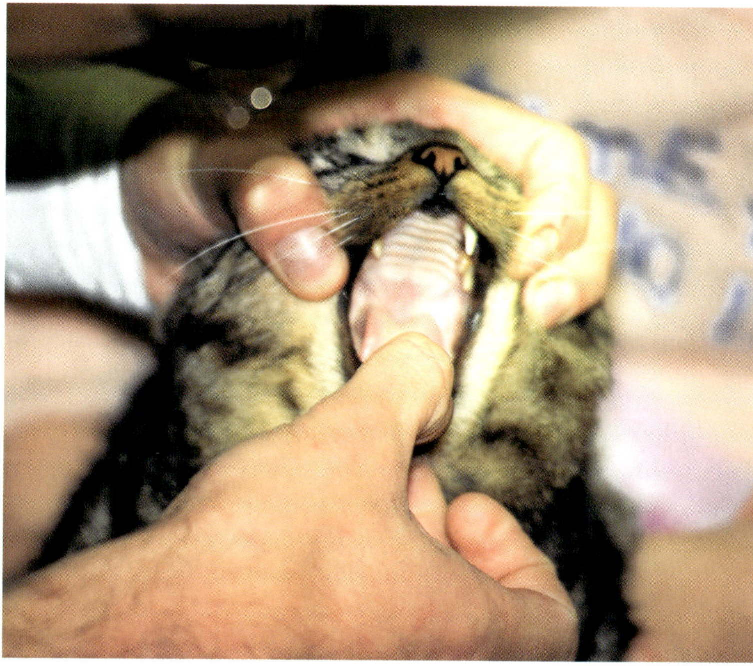

...und einen – unumgänglich – prüfenden Blick ins Mäulchen wirft. Foto: Binder

Vielfach bekannt ist wohl die Flohhalsband-Dermatitis, die mit Haarausfall, starkem Juckreiz und Pustelbildung einhergeht. Primäre Reizmittel für eine Kontaktdermatitis sind weiters Insektizide, Benzin, Terpentin, Farben, Teer, stark chlorhaltiges Wasser/Reinigungsmittel, Düngemittel aber auch verschiedene Arzneimittel oder Kunststoffe (Plastik-Futternäpfe). Die Symptome variieren von leichten Rötungen über Schorfbildung und Bläschen bis zum Gewebstod.

Tipp

Achten Sie bitte unbedingt auf mögliche Vergiftungserscheinungen: Unruhe, Zuckungen, Krämpfe, Koordinationsstörungen, Erbrechen, Schwäche, Atemnot – bei allem, das Ihnen nicht geheuer vorkommt, sollten Sie wie die Feuerwehr zum Veterinär rasen!

Beschränken sich die allergischen Prozesse auf die unbehaarten Körperregionen = Innenseite der Oberschenkel, Leistengegend und Zehenzwischenräume und wir sehen rötliche Schwellungen, die sich später zu Knötchen auswachsen (bei schweren Allergien ist der Großteil des Körpers mitbetroffen), eignet sich je nach Symptom beziehungsweise als Unterstützung für eine ärztliche Therapie

- Rhus Toxicodendron M1, 3 Gaben im Abstand von je 1 Stunde – wenn die Erkrankung noch in der Anfangsphase steckt und die Hautrötung langsam in Knötchen überzugehen scheint (Juckreiz!).
- Ist die »Knötchen-Phase« schon voll im Blühen, verhindern wir die 3. Phase (Bläschenbildung) mit Antimonum crudum D6, 3 x täglich für 3 Tage.
- Sind Blütenpollen als Übeltäter erkannt (nur im Frühjahr), hilft Pollens D30, 1 x täglich für 10 Tage.
- Allgemein nützlich zur Förderung der gesunden Hautfunktion ist Thallium aceticum D30, 1 x täglich für 7 Tage.
- Nicht zu unterschätzen ist die Wirkung homöopathisch aufbereiteter Steroide, die entzündliche Prozesse exzellent eindämmen können, ohne dass mit Nebenwirkungen zu rechnen ist. Bevorzugt Ihr Veterinär eine Therapie mit Cortison oder Prednisolon (das vielfach zu hoch dosiert der Katze nicht nur den Lebenswillen schwächt), können Sie beherzt auf die homöopathische Form zurückgreifen: Cortisonum D30 oder Prednisolon D30, 1 x täglich für etwa 7 Tage.
- Eine eher harmlose Variante ist das (oft infizierte) Ekzem an den Krallen, wobei die Zwischenzehenhaut verdickt und ausgiebig beleckt wird. Silicea D6, 3 x täglich für längere Zeit (bis zu 6 Wochen) vertreibt das manchmal gruselige Aussehen.

Schuppen, Krusten und Geschwüre sind bei einer Nahrungsmittelallergie zu sehen, die zu den allergischen Dermatosen zählt. Es werden zwei unterschiedliche Arten von Hautveränderungen beschrieben, die beide starken Juckreiz hervorrufen: die chronische Form mit Schuppen und Krusten, bei der vorwiegend Kopf und Schwanz befallen werden, und die ulceröse (= geschwürige) Form, die durch runde, Räude-ähnliche Geschwüre am Kopf, im Genick, im Nacken und an den Schultern charakterisiert ist.

- Den Juckreiz können wir wie oben beschrieben angehen, die

- Schuppen und Krusten erhalten mit Sulfur D6, 3 x täglich für einige Zeit den Anstoß zur Gesundung der Haut, während
- Geschwüre (wenn Sulfur nichts bringt) eher auf Borax D6, gleichermaßen verabreicht, besser reagieren.
- Silicea D30, 3 x täglich für 4 bis 8 Tage, ist bei allen Hautveränderungen ein nützliches Mittel.

Kotzt sich Mieze eher die Seele aus dem Leib oder kommt vom Klo überhaupt nicht mehr herunter, empfiehlt sich (wie schon weiter oben beschrieben)

- Nux vomica D6, 3 x im Abstand von je 10 Minuten, danach 3-4 x täglich bis zur Besserung.

Ohne Veränderung der Nahrungsgewohnheiten kann aber auf Dauer alles nicht fruchten. Sie können eine Versuchs-Diät nach dem Ausschließungs-Prinzip starten, wozu Sie penibel Tagebuch führen müssen ... worüber sich der Fachmann freuen wird, wenn Sie um ihn doch

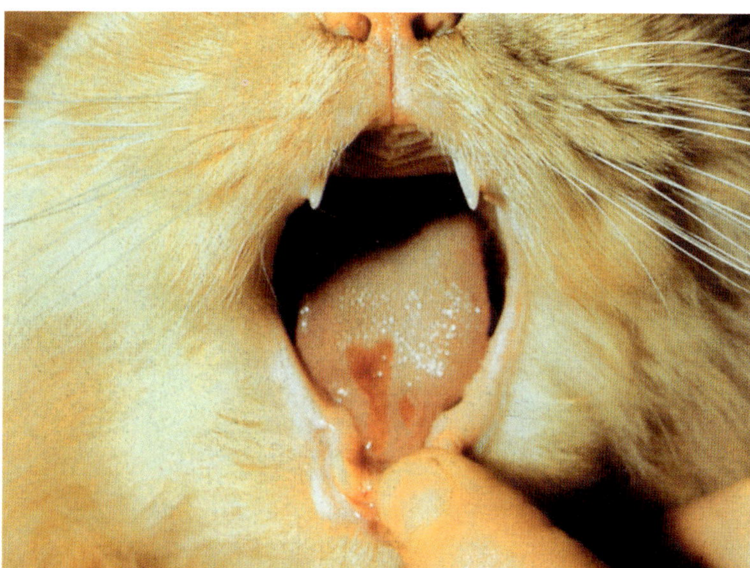

Geschwüre auf der Zunge sind häufig auch ein Hinweis auf eine Herpes-Infektion.
Foto: Dr. Teichmann

nicht herum kommen. Der Prozess ist etwas langwierig – aber die diagnostischen und therapeutischen Möglichkeiten sind heute schon ein gutes Stück weiter und mit einem definitiven Testergebnis in der Hand lässt sich das Problem effizienter angehen.

(Eosinophile) Geschwüre

die vorzugsweise an den Lippenrändern beginnen, sich möglicherweise auf die Mundhöhlenschleimhaut und das Gesicht ausbreiten (seltener: Nacken, Bauch, Rücken und Oberschenkel) = wuchernde, rötliche, rotbraun oder gelb bis rosafarbene Wunden, gut abgesetzt, haarlos und glänzend – und geradezu gespenstisch aussehend – deuten auf den eosinophilen Granulomkomplex. Ist auch Juckreiz vorhanden, neigt Mieze zum exzessiven Belecken. Ein Tierarzt wird zum Cortison greifen, aber nicht zwingend erfolgreich sein.

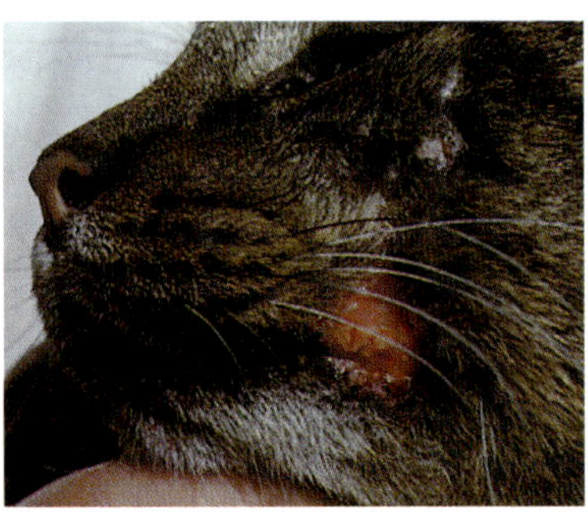

Eosinophiles Geschwür am Lippenwinkel – gegenüber dem oft regelrecht gespenstischen Aussehen hier noch im eher »harmlosen« Stadium. Foto: Kraft/Dürr, Med. Tierklinik München

- Der beherzte Alternativmediziner kann allein mit Silicea D30, 3 x täglich für 7 Tage, und ab dem 10. Tag mit Calcium fluoratum D30, 1 x täglich bis zur Ausheilung (= maximal 3 Wochen) ein sehr wohl mögliches Wunder versuchen. Bei hartnäckigem Verlauf riskieren wir eine Wiederholung nach 4-wöchiger Pause – eine Kur, die bei allen anderen Hautkrankheiten die schulmedizinische Therapie wirksam unterstützen oder fortsetzen kann.
- Weiters ist Acidum nitricum D200, 3 x wöchentlich über 4 Wochen lang immer dann angezeigt, wenn Erkrankungen der Haut und Schleimhaut zusammen auftreten.

Blasen an Haut und/oder Schleimhäuten

können als Hinweis auf eine (seltene) Autoimmunkrankheit gelten. Häufig ist eine Überreaktion auf Arzneimittel der Auslöser, aber auch Infektionen mit Viren oder Blutparasiten spielen dabei eine Rolle, die das Immunsystem derart verwirren, dass es sozusagen gegen sich selbst in den Krieg zieht (und

Antikörper gegen körpereigene Zellen produziert). Wir sehen Blasen, die in Geschwüre übergehen, tuberkulöse Hautflechte, Krusten, Schuppen, Appetitlosigkeit, Kräfteverfall. Die schweren Hautveränderungen zeigen sich vorwiegend an den Schleimhäuten und Schleimhautübergängen von Mund, Mundwinkel, Kinn, Nase, Augen. Je nach Klinik können innere Organe mitbeteiligt sein und der Krankheit eine tödliche Wendung geben. Dass hier im Expresstempo allein der Fachmann Hand anlegen darf, versteht sich wohl von selbst.

Impfreaktionen

Anaphylaxie ist eine allergische Überempfindlichkeit, insbesondere gegen artfremdes Eiweiß, die zumeist nach der Injektion von Antikörpern eines Krankheitserregers (= Immunserum = Impfstoff) auftritt und eine Schockreaktion auslösen kann. Kommen Sie also grade vom Impfen nach Hause und Mieze beglückt Sie mit Kreislaufschwäche, häufigem Erbrechen, Durchfall, starker Mattigkeit, erschwerter Atmung, Gleichgewichtsstörungen, blassen Schleimhäuten – jeweils und/oder – sollten Sie entweder in der Sekunde den Tierarzt kontaktieren oder (sofern Ihr homöopathisches Schatzkästlein derart gerüstet ist, beziehungsweise Sie einen blitzartig reagierenden Apotheker haben) kühn zur Selbsthilfe greifen:

- Aconitum napellus M10, 1 x gegeben, ist bei jeder Art von Schockbekämpfung immer hilfreich.
- Zusätzlich pressen wir Miezes Ohrspitzen (= der Schockpunkt) zwischen Mittelfinger- und Daumenkuppe 3 x in 5-Minuten-Abständen jeweils 1-3 Minuten lang.
- Camphora C30, 3 x alle 10 Minuten, dann 3 x stündlich, erweist sich als wirksam bei Kollaps mit plötzlich einsetzendem Durchfall = wässrig-dunkler Kot, und kalter Haut.
- Carbo vegetabilis D200, ebenfalls bis zur deutlichen Erholung mehrmals gegeben, wirkt wahre Wunder bei Atemnot und Kurzatmigkeit. Und ist zudem ein hervorragendes Wärme- und Stärkungsmittel.
- Zu Veratrum album D30, 4 Gaben im Abstand von je 3 Stunden, greifen wir ebenfalls bei Kollaps, Durchfall und Mattigkeit, die sich aber (im Unterschied zu Camphora) nicht so heftig äußern – praktisch verdeutlicht rutscht uns zwar bei Miezes Anblick das Herz in die Hosen, aber wir denken nicht gleich an's letzte Stündlein.

Auch kleine Kätzchen sind vor Impfreaktionen nicht gefeit – zum Glück für's kleine Frauchen blieb derlei der bauen Mieze erspart. Foto: Thurner

Wesentlich weniger dramatisch, aber durchaus genauso als allergische Reaktion auf eine Impfung zu werten sind

- örtliche Schwellungen der Haut an der Injektionsstelle, die nach einigen Gaben Thuja D12 (oder jede andere, gerade verfügbare Potenz) rasch verschwinden,
- oder wenn Mieze müde, lustlos und etwas apathisch herumhängt. Hier ist Silicea D12, 2-3 x täglich für 1-2 Tage das Mittel der Wahl.

Haarige Probleme

Ist es nicht die Haut, die Sie sorgenvoll grübeln lässt (was ihre Beteiligung nicht notwendigerweise ausschließt), sondern das Fellkleid gibt Anlass zu Trübsinn, haben wir es sehr oft mit einer Pilzinfektion (siehe Mykosen) zu tun. Allerdings kann Mieze auch bei schwerem Wurmbefall ziemlich Haare lassen. Der veritable »Rest« beginnt bei fehlerhafter Ernährung und reicht über Alopezie, Ekzeme, Allergien und Infektionen bis zum Dauerstress ... wir bewegen uns also auf »altbekanntem« Terrain ... Kennen wir die Ursache, ist selbstverständlich die halbe Schlacht meist schon gewonnen. Vorher aber heißt es wieder, das Adlerauge zu aktivieren – was sehen wir?

Unansehnliches Fellkleid

Ist es ***fettig, stumpf*** und bildet spitz zulaufende Büschel, kann das ohne weitere Hinweise wie etwa Ausfluss, erhöhte Temperatur oder beeinträchtigtem Appetit bei einer unkastrierten Kätzin durchaus als Hinweis auf eine Gebärmutterentzündung gewertet werden = Tierarzt, bitte hurtig! Extreme Thunfisch-Vernichter (= 1 x pro Woche ist genug!) zeigen gleiche Anzeichen (siehe Kapitel Vitamine).

Trockenes, schuppiges Fell kann einen Fettsäuremangel (wie durch zu warm oder zu lange aufbewahrtes Trockenfutter = das Fett wird ranzig) anzeigen, der seinerseits eine Leber- oder Bauchspeicheldrüsenerkrankung bedingen kann (Tierarzt!). Bei einer Überversorgung mit Vitamin A (= zu viel Leber oder Fischöl) sind die Haare auch noch ***brüchig oder fallen aus***. Magersucht und Knochenschmerzen sind äußere Anzeichen.

Zeigt Mieze zusätzlich eine ***»Brille«*** (= weiße, stichelige Haare) oder verliert sie Haare um die Augen und im Gesicht, ist – im Zusammenhang mit Langzeit-Antibiotika-Gaben oder auch Verfütterung von zu viel rohem Eigelb = maximal 1 x pro Woche ist reichlich! –, manchmal auch bei Dauerrolligkeit, der Vitamin-B-Haushalt (Biotin) gestört. Bierhefe kann helfen. Durchfall und chronische Verdauungsstörungen können einen echten Biotin-Mangel zur Folge haben, das Haar ist ***dünn, trocken und schuppig***.

- Eine (langsame) Futterumstellung ist dringend angezeigt.
- Vorbeugend zum Abschluss einer Antibiotika-Kur geben wir eine Gabe Sulfur D30 (eventuell am Folgetag wiederholen) zur Entgiftung.
- Bei Haarausfall aufgrund hormoneller Ursachen können wir bei jungen Tieren mit Lachesis D10, bei älteren mit Sepia D12, 2 x täglich für 10-14 Tage regulierend eingreifen.
- Den Schuppen können wir mit Sulfur D6 (große) oder Arsenicum album D6 (kleine) zu Leibe rücken, 2 x täglich für 10 Tage.

Wird Mieze ausschließlich mit Dosenfutter ernährt und das Haar in den Gelenkbeugen und am Unterbauch wird ***schütter*** und lässt sich relativ leicht weg-streicheln (oft auch am Rücken), greifen wir zu

- Natrium muriaticum D12, 3 x täglich für längere Zeit (Empfehlung: alle drei Monate eine 4-wöchige Kur. Besser: Abwechslung auf dem Teller!).

Haarzotten = ***Verfilzungen***, die nichts mit mangelnder Pflege zu tun haben, meist hinter den Ohren beginnen und allmählich das ganze Fell überziehen … müssen erst einmal abgeschoren werden. Eine Wiederholung der Prozedur lässt sich meist mit einer Kur verhindern:

- Calcium fluoratum S12, 2 x täglich für 3 Wochen (alle 3-4 Monate)

Haarbruch = zunächst brechen die Grannen, dann dünnt die Unterwolle aus, zumeist am Widerrist. Diese Störung kann auf einem unterschwelligen Leberschaden beruhen (labormäßig schwer feststellbar). Ist das die einzige Auffälligkeit – bei sonst gutem Allgemeinzustand – sind gute Erfolge zu erzielen mit

- Lycopodium D30, 1 x täglich für 10 Tage, falls erforderlich nach 3 Wochen wiederholen.

Haarausfall rund um die Ohren
Schabt sich Mieze verzweifelt das Fell von den Ohren (oft bis es blutet), weil's gar so juckt – und es gibt keinerlei Anzeichen auf Milben oder Pilz – dann liegt dem oft ein Calciummangel zugrunde. Vor allem dann, wenn sie grade mit Nachwuchs gesegnet ist: bei großen Würfen und/oder Kitten, die sich

gemächlich entwickeln, lange nuckeln und erst spät für feste Nahrung zu begeistern sind, rutscht – zumeist in der 5., 6. Lebenswoche der Kleinen – der Calciumspiegel »in den Keller«.
Weil wir grade beim Thema sind: Kalkmangel kann bei Mutterkatzen aus den gleichen Gründen auch zu Eklampsie führen = bemerken wir zwischen der 3. und 6. Woche (manchmal auch früher) Koordinationsstörungen, geweitete Pupillen, verstärkte Atmung und Muskelkrämpfe – mündet später in Kollaps – ist absolut Feuer am Dach. Fliegen Sie zum Veterinär, er wird Calcium intravenös spritzen.
Mutterkatzen sollten sowieso während der gesamten Säugeperiode zusätzlich mit Calcium versorgt werden!! NICHT innerhalb der Tragezeit = die Kitten werden zu groß und Knochenmissbildungen können die Folge sein. Beginnen Sie eine Woche vor der Geburt. Leider können viele Katzen orale Kalkgaben nicht verwerten, was wir unglücklicherweise erst bemerken, wenn es schon zu spät ist. Dem lässt sich (genau wie der Ohr-Kratzorgie) vorbeugen, indem wir

- ab dem Wurftag 1 x täglich für 10 Tage lang Calcium phosphoricum D30 geben, und anschließend die Dosis auf 3 x wöchentlich reduzieren, bis zu 6-7 Wochen lang;
- eine Gabe 3 x wöchentlich unterstützt auch die ärztliche Therapie bei akuten Fällen.

Treten ausschließlich Muskelkrämpfe auf = ein Zittern läuft wie Wellen über den Körper und wir grübeln, ob sie's etwa zu kalt hat, dann liegt dem ein Magnesium-Mangel zugrunde.

- Magnesium phosphoricum D30, genau wie Calcium verabreicht, leistet hier gute Dienste.

Brechen die Schnurrhaare
ab, ohne dass Mieze einer Kerze ihre Reverenz erwiesen hat (was zierliche Kräusel gut verdeutlichen) oder dies ein rassespezifisches Merkmal ist, dann kommt ebenfalls starker Wurmbefall = Tierarzt, mit dadurch bedingter Mangelernährung in Betracht.
In besonderen Stress-Situationen kann Mieze die Barthaare gleich zur Gänze wegschmeißen. Die Wiederherstellung der Pracht unterstützt

- Kalium phosphoricum D12, 3 x täglich bis sie wieder sprießen.

Büschelweiser Haarausfall
mit Hautveränderungen, die ein-

fach zum Fürchten ausschauen, gehören ohne viel Federlesens selbstverständlich in die Hände eines Veterinärs. Nicht nur schwerer Parasitenbefall, auch Vergiftungen (z. B. Thallium, Altöl) und allerlei andere quälende Unerfreulichkeiten sind als Ursache denkbar (siehe Kontaktdermatitis).

Scheint Mieze jedoch bloß das ganze Jahr über den Wintermantel abzulegen und erfreut sich ansonsten nachweislich bester Gesundheit, können wir mit

- Acidum phosphoricum D6, 2 x täglich für 14 Tage

und ein paar sicher nicht hinderlichen Stoßgebeten auf ein kleines Wunder hoffen.

Wenn Reaktionen von Haut und Haar im Doppelpack auftreten, hat das Schicksal zumeist mit Milben oder Mykosen = Pilzerkrankungen zugeschlagen. Allerdings kommt auch die Seele als »Übeltäter« infrage und wir staunen über das abnorm gesteigerte Reinlichkeitsbedürfnis unseres Schätzchens.

Stress, Putzzwang, Psychogene Alopezie? Nö... nur meine tägliche Pflichtwaschung!
Foto: Binder

Psychogene Alopezie
Überbelastung macht nervös, auch wir werden hektisch und gelegentlich von unerklärlichem Juckreiz geplagt, bis sich kleine, nässende Pusteln zeigen, die – aufgekratzt – als Krönung der ganzen Zores dann auch noch schmerzen. Mieze geht's in ihrer ratlosen Unruhe nicht viel anders: Sie kratzt sich ständig und verfällt in einen manischen Putzzwang, wobei der rauen Katzenzunge zunächst die Unterwäsche zum Opfer fällt: das zarte Fellchen an der Innenseite der Schenkel und Beine, am Unterbauch und der Schwanzunterseite werden gnadenlos abrasiert. Das wiederum beleidigt die Haut, die sich rötet und bisweilen mit Abschürfungen, nässenden Pusteln und sogar Geschwüren reagieren kann. Vor allem, wenn wir zu lange unschlüssig-tatenlos zugesehen haben.

- Im Anfangsstadium geben wir 3 x täglich eine Gabe Silicea D12, tupfen etwas Johanniskrautöl auf die irritierten Hautpartien und verwöhnen die Patientin mit vielen, kleinen Extraportionen Zuneigung = wir reden viel mit ihr (bauen so ganz nebenbei unseren eigenen Frust ab) und bewähren uns als unterhaltsamer Spielpartner.
- Bereits offene, nässende Stellen vertragen ebenfalls Johanniskrautöl (und vermehrte Aufmerksamkeit), aber hier wäre eine höhere Potenz hilfreicher: Silicea D30 oder 200, 2 x täglich bis zur deutlichen Besserung = 1-2 Wochen lang.

Zum Haarverlust durch übermäßiges Putzen infolge seelischer Unzukömmlichkeiten zählen auch die Aufregungen rund um eine Kastration. Nur zur Information am Rande: KEINE Katze wird sterilisiert (= Abbinden = theoretisch reversibel – wozu soll das gut sein? Die Katze wird trotzdem rollig und der Kater stinkt nach wie vor), weder Weiblein noch Männlein, sondern beide Geschlechter ausnahmslos kastriert. Wobei die Keimdrüsen = Hoden beziehungsweise die Eierstöcke vollständig entfernt werden. Jede Kastration ist ein Eingriff, eine Einwirkung »von außen«, weshalb wir dem präsumtiven Opfer zunächst

- 1/2 Stunde vor der Operation 1 x eine Gabe Arnica D30 (oder 200) angedeihen lassen und 1-2 x im Abstand von 2 Stunden einwerfen, sobald wir den Heimathafen wieder erreicht haben.

Reagiert Mieze später mit Putzzwang auf den ungebührlichen Eingriff in ihr Liebesleben, bringen wir mit folgenden Heilmitteln ihre Psyche wieder ins Lot:

- Staphisagria D3, 3 x täglich für 3-5 Tage (und Johanniskrautöl, falls erforderlich) bei leicht lädiertem Selbstwertgefühl.
- Extreme Unruhe (auch im Wechsel mit Apathie) plus Haarausfall und Pusteln bedarf einer längerfristigen Behandlung mit Folliculinum D3, 2 x täglich für 21 Tage, und anschließend nach 1-wöchiger Pause Folliculinum D30, 3 x wöchentlich über 4 Wochen lang (egal, ob Katze oder Kater).

Ausgesprochen traurig stimmt die allergische Reaktion eines Vierbeiners auf seinen Besitzer, die vom Immunsystem zumeist mit einer psychogenen Alopezie beantwortet wird. Wobei Mieze versucht, den Stress und die Nervosität (auch Angst! – durchleben Sie vielleicht grade eine Familienfehde? Verwirren grobe Hände, Schimpfen, Strafen das arme Tier? Oder kam ein neuer Erdenbürger und sie wird ausgesperrt, vernachlässigt?) durch hektische Putzanfälle »wegzuwaschen«. Derlei wird Gott sei Dank nur sehr selten festgestellt, aber immerhin oft genug, dass dieses Phänomen Eingang in medizinische Literatur gefunden hat – Sie sollten wirklich einmal ihr Verhältnis zueinander einer gründlichen Prüfung unterziehen!!

III. Dissonantes Duett – Mykosen und Milben

Milben und Pilzinfektionen, häufig mit Allergien vergesellschaftet oder als Auslöser unerfreulich auffallend, sind ein enorm komplexes »Haut«-Thema, weshalb ihnen hier ein eigenes Kapitel gewidmet sei. Beides gehört IMMER in erfahrene Hände, was aber zwangsläufig nicht bedeutet, dass Ihnen als aufmerksamem Zweibeiner »nichts zu tun« bliebe – nach dem Motto: »Erkenne deinen Feind, wenn du ihn besiegen willst«, sollten Sie wissen, was unter Umständen auf Sie zukommt, wie Sie sich und Mieze eventuell davor schützen können und wann es angezeigt scheint, den behandelnden Fachmann besonders aufmerksam zu beäugen.

Was »wächst« denn da auf dem Boden? Weiß, rund, riecht nussig… ein Pilz?
Foto: Niesel

Pilz- und (möglichst früh erkannten) Milbenbefall wieder loszuwerden ist keine Hexerei, dennoch lässt bei mancher Therapie die Steinzeit grüßen – also seien Sie aufmerksam und löchern Sie den Veterinär ein bisschen mit hartnäckiger Nachfrage VOR seinem Tun und Treiben.
Für gewöhnlich muss bei Milben Salbe (und eine Halskrause) dran, während Pilz sehr wirkungsvoll per Tablettenkuren verschwindet und weder ein Scheren der etwas löchrig gewordenen Haarpracht und schon gar keine Tauchbäder notwendig sind. Eine zusätzliche Sanierung des Terrains mit Naturheilmitteln obliegt ebenfalls Ihrer Fürsorge. Was hier möglich (und sinnvoll) ist, finden Sie am Ende dieses Kapitels.

Tipp

Enorm wichtig zu wissen ist, dass der massive therapeutische oder prophylaktische Einsatz von Antibiotika oder eine ungezielte beziehungsweise Langzeit-Anwendung vielfach als Schrittmacher für sekundäre Pilzinfektionen dient. Das Immunsystem wird so zugedröhnt, dass es zur Abwehr nicht mehr imstande ist.
Auch Störungen im Hormon- und Vitaminhaushalt sowie nicht infektiöse Magen-/Darm-Krankheiten gelten als Wegbereiter für nicht ansteckende Dermatomykosen – wie der Pilz insgesamt bei einem geschwächten Organismus mit dadurch vorgeschädigter Körperoberfläche extrem leichtes Spiel hat.

Gestatten: mein Name ist Pilz

Wer denkt bei »Pilz«nicht in erster Linie an Pfifferling, Champignon & Co? »Pilze suchen« ist noch immer eine beliebte Freizeitbeschäftigung – obwohl man sie, wörtlich genommen, keineswegs zu suchen braucht: Sie haben nämlich längst den gesamten Planeten besiedelt, inklusive deren Bewohner … das reicht von der Badewanne voll Stroh mit Austernpilzbrut über Fußpilz bis hin zu Hefe- und Schimmelpilzen, ohne die es weder Brot, Käse, Wein, Bier oder Zitronensäure (in Erfrischungsgetränken und Lebensmitteln) gäbe – auch kein Penicillin. Um nur einige wenige Beispiele herauszugreifen. Klingt das nicht nützlich, schmackhaft und gesund? Abgesehen vom Fußpilz

natürlich, mit dem wir auch gleich bei den weniger erfreulichen Verwandten wären.
Sagen Sie also nicht entrüstet: »bei mir kommt so etwas nicht vor«, denn zum Beispiel Schimmelpilze gedeihen auch in unseren Blumentöpfen und Mülleimern (etwa auf dem Kaffeesud), auf feuchten Putzlappen oder in schlecht belüfteten Duschkabinen. In der Mykologie, der Wissenschaft, die sich mit der Erforschung der Pilze beschäftigt, sind weit über 55.000 verschiedene Arten bekannt – und die wohlschmeckenden gehören ebenso wie die »entbehrlichen« zur gleichen Familie.

Mykosen, jenseits der Heiterkeit
Unter Mykosen versteht man einen durch Pilze hervorgerufenen Erkrankungskomplex bei Mensch und Tier, die je nach Lokalisation in Dermato- (= Haut) und System- (= die inneren Organe betreffend) Mykosen unterteilt werden.

Pilzinfektionen sind übertragbar – von Katze zu Mensch und umgekehrt – und wären nicht zu übersehen. Foto: Gojakovich

Die Verbreitung erfolgt in der Regel durch direkten Kontakt von Tier zu Tier (auch durch Mäuse!!), von Tier zu Mensch (und umgekehrt!!), aber auch über Flöhe, Zecken, Läuse, Milben und Fliegen. Viele Arten gedeihen am Erdboden (womit ich Ihnen das vielleicht gerade geplante Picknick nicht ernsthaft vermiesen will), einige bevorzugen Vogelkot – beides rückt wieder einmal Gartenbesitzende Miezen ins Rampenlicht und wäre für Stadtbewohner ein weiterer Grund, ihre Samtpfote nicht mit den bellenden Kollegen zu verwechseln und Spaziergänge an der Leine im Straßengewirr zu inszenieren – der Spaß für die Katz' hält sich dabei sowieso reichlich in Grenzen.

Selbstverständlich sind auch Schlafplätze respektive alles, mit dem ein infiziertes Lebewesen in Berührung gekommen ist, als Infektionsquelle anzusehen und in die Bekämpfung mit einzubeziehen. Und last but not least können zu allem Überdruss Pilzsporen auch noch fliegen! Es hilft demzufolge wenig, künftig unsere schöne Natur zu meiden. Wir sollten sie besser genießen, so lange wir sie noch haben.

Ergo ist die eingangs erwähnte Okkupation unseres Planeten (Pilze waren übrigens schon vor uns da) mitnichten als Scherz zu verstehen ... denn WIR SIND UMZINGELT!

Trotzdem kein Grund, bei festgestelltem Pilzbefall gleich mit einem Gift-Arsenal anzurücken und die ganze Welt einzunebeln, oder die arme Mieze ihrer gesamten Haarpracht zu berauben. Auch zentimeterdicke Salbenschichten und Anti-Pilz-Bäder sind scheelen Auges zu betrachten.

1. Auf keinen Fall dürfen für die Behandlung diverse frei im Handel erhältliche Mittelchen verwendet werden und sie ist gleichfalls nur begrenzt Sache privater Doktorspiele!
2. Sind Sie selbst ebenfalls betroffen, dann pappen Sie bitte Ihrer Katze nicht das gleiche Zeugs ins Fell, das Ihr Hausarzt Ihnen verschrieben hat und glauben, sich damit locker den Weg zum Tierarzt (samt dessen Rechnung) zu ersparen – sehr oft verwenden Veterinäre zwar Medikamente aus der Humanmedizin (gelegentlich in der Tat auch umgekehrt), aber die wissen (hoffentlich), was sie tun – also fragen Sie sie auch. *Erster und einziger Ansprechpartner für Pilzbefall bei der Katze ist Ihr Tierarzt!* Falls Sie näher dran wohnen, darf es natürlich auch eine Veterinärmedizinische Universität sein, die in der Regel dafür entsprechend ausgerüstet ist.

3. In der Fachliteratur wird im Zusammenhang mit Pilzbefall übrigens gern von Kontamination gesprochen. Die Übersetzung = Verseuchung verdeutlicht die Ernsthaftigkeit des Problems.

»Haut«-Pilz schließt auch die Infektion von Haar, Nägel und Krallen ein und kann entweder ansteckend sein oder nicht. Der vermutlich bekannteste (ansteckende) Hautpilz ist die Mikrosporie und gehört – wie die leckere Trüffel! – zu den Schlauchpilzen. In der Beliebtheitsskala klafft allerdings ein ganzes Universum dazwischen ... Mikrosporie zählt zu den mit Abstand weltweit am meisten verbreiteten Hautpilzen. Und dazu kann man kommen wie weiland die Jungfrau zum Kind ...

Ansteckende Dermatomykosen stammen durchwegs aus der Umwelt. Als direkte Infektionsquelle kommen erkrankte Tiere/Menschen beziehungsweise die freie Natur als natürlicher Standort des Pilzes infrage, als indirekte infiziertes Material wie Schlafplätze, Putzzeug etc., das gründlich gereinigt und desinfiziert werden sollte. Bei reinen Wohnungskatzen ist es eher der Mensch, der den Erreger nach Hause trägt – allerdings lassen sich Pilzsporen ganz gern vom Wind befördern, weshalb als »Außenkontakt« auch Terrassen, Balkone und (hoffentlich vergitterte) offene Fenster zu werten sind. Zwar nicht unbedingt, wenn Sie in einem Penthaus im 17. Stock logieren, aber grundsätzlich ist es wie beim Lotto: alles ist möglich.
Die Inkubationszeit beträgt 1 - 4 Wochen. In trockenen Hautschuppen können Pilzsporen Monate bis Jahre ansteckungsfähig bleiben!

• Mikrosporie (Microsporum canis) ist, wie erwähnt, die weitaus häufigste Hautpilzinfektion, die sich in Mehrkatzen-Haushalten rasch zu einer Epidemie auswachsen und gelegentlich mit einer Otitis externa (= Ohrmilben, meist nicht parasitär, außer, der Pilz wurde von den Milben übertragen) einhergehen kann. *Typische Symptome sind kleine, gerötete, haarlose Stellen mit Schuppen, Bläschen oder Krusten, die sich kreisförmig ausweiten. Am Rand lassen sich die Haare extrem leicht auszupfen* – können Sie das an anderen Stellen des sonst (noch) unauffälligen Haarkleides genauso leicht, kennzeichnet das neu infizierte Herde. Auch Haarbruch lässt sich beobachten, ebenso wie meist mäßig ausgeprägter Juckreiz.
Bei älteren Katzen sind die klinischen Erscheinungen mitunter sehr

Ist eine Tablettenkur das Mittel der Wahl, können wir das Eingeben üben – so wie hier mit einem Leckerchen. Nützen wird's allerdings nur bei Manteltabletten, alles was grauslich schmeckt oder leicht bröselt, muss »versteckt« werden (etwa in Leberwurst). Foto: Wald

gering und schwanken zwischen leichten Schuppen und stumpfem Fell bis hin zu Juckreiz und insgesamt vermehrtem Haarausfall im Bereich von Kopf, Hals und Extremitäten. Besonders gefährdet sind Jungtiere und alle Katzen, die in irgendeiner Form Stress ausgesetzt sind – alle Schädlinge freuen sich über eine verminderte Immunabwehr! Die gleichen Symptome finden sich bei

• Trichophytie,

die bei der Katze jedoch eher selten vorkommt. Die Schuppen und Krusten sehen mehr grau und asbestartig aus. Wesentlich häufiger sind Infektionen mit der als Favus bezeichneten Variante, die bei kleinen Nagetieren besonders verbreitet ist, weshalb Sie Ihren Mäusefänger gelegentlich peinlich genau untersuchen sollten. Beim Favus *bilden sich auf den Pfoten, Lippen, Kopfhaut und Ohrmuscheln linsen- bis pfenniggroße, napfartige Borken und Schildchen, die nach Entfernen nässende, leicht blutende Mulden hinterlassen* und zudem auch noch grauslich nach Mäuseharn riechen.

Diagnose:
Bei untypischen Fällen wird Mieze zunächst mit der Wood'schen Lampe abgesucht und die Mikrosporie-Erreger durch Fluoreszenz »überführt«. Ein negatives Ergebnis schließt allerdings eine Pilzinfektion nicht aus, weshalb in diesem Fall ein Hautgeschabsel entnommen und eine Kultur angesetzt werden muss. Dafür ist ein wirklicher Fachmann nötig, denn ausgezupfte Haare oder mittels Tesafilm verhaftete Teilchen sind nicht ausreichend. Nur der kulturelle Erregernachweis erlaubt eine sichere Unterscheidung zwischen Haut-, Hefe- und Schimmelpilzen. Logisch, dass die erkrankten Areale vor der Probenentnahme nicht behandelt werden dürfen – sonst sieht der verzweifelte Medikus nämlich gar nichts.
ACHTUNG: aufgrund der häufig latenten, klinisch unauffälligen Infektion bei Katzen weist oft erst das Auftreten von Pilzherden bei Menschen (durch das Streicheln vorzugsweise an den Händen) auf eine Erkrankung der Katze hin!

Behandlung:
Üblicherweise wird je nach Befall systemisch (= oral) und/oder lokal behandelt. Es gibt eine exzellente Tablettenkur, die den Pilz sofort stoppt, soll heißen: es entstehen keine neuen Herde mehr, die Haare sprießen schon nach wenigen Tagen wieder (wenn auch zaghaft) und die bereits kahlen Hautstellen müssen nur mit einer Salbe (Halskragen!) oder Johanniskrautöl beruhigt werden.

Liebäugelt Ihr Mediziner mit Tauchbädern (und/oder gar mit einer Komplettrasur) als allein selig machende Therapie (fragen Sie nach dem Grund), erlaube ich mir einen Wechsel des ärztlichen Ratgebers anzuregen. Egal, ob Sie Mieze baden oder das Mittel per Blumenspritze und Schwämmchen aufbringen: In dem Moment, als das Fell wieder trocken ist, fliegen auch die Pilzsporen wieder … Mieze wird das eingetrocknete Zeug ablecken und mit Übelkeit und Durchfall reagieren oder sich wochenlang mit einer Halskrause abplagen.

Absolut Spielzeug-tauglich... aber essen würd ich das nie! Foto: Klinka

Über leichte Fälle = wenn die kahlen Stellen nicht größer sind als ein Zentimeter im Durchmesser (und Sie bei mehreren Katzen nicht eine Masseninvasion befürchten müssen – wobei *nicht alle* gleich anfällig sind!!), können Sie es auch in Eigenregie versuchen (siehe nachstehend) – Bitte NUR mit der nötigen Konsequenz und, wenn sich nach wenigen Tagen kein Erfolg einstellen sollte (= am besten daran erkennbar, dass sich das Fell an den Rändern nicht mehr so leicht ausrupfen lässt und, natürlich, keine neuen Herde entstanden sind), mit Blickrichtung Tierarzt. Dann müssen Sie halt beichten …

Gelegentlich geistert die Mär von einer Pilz-Impfung durch die Gemüter, die aus den USA (woher sonst) kommt. Fachleute bezweifeln die Wirksamkeit heftig, halten es aber durchaus für möglich, dass ein Wirkstoff mit Depotwirkung unter die Haut gespritzt werden kann, der langsam freigesetzt wird – nach dem gleichen Prinzip wie die »neue Pille« zur Schwangerschaftsverhütung bei Frauen. Eigene Recherchen zeitigten durchwegs negative Ergebnisse.

Nicht ansteckende Dermatomykosen
sind, wie der Name schon sagt, nicht übertragbar, sondern Einzelerkrankungen. Reservoir ist mit wenigen Ausnahmen die Umwelt. Vorwiegend kranke Tiere (und Menschen) sind gefährdet. Vor Gesundheit Strotzende, auf deren Haut sie durchaus ebenfalls vorkommen können, genießen eine natürlich Abwehr – bis sich irgendeine Erkrankung »dazu schlägt«, die den Erreger quasi aktiviert. Meist sind außer der Haut auch die äußeren Ohren und Krallen/Nägel betroffen. Der Zeitpunkt der Infektion lässt sich verständlicherweise nicht nachweisen.

Der Erdboden ist ein natürliches Reservoir für allerlei Mykosen – das beste Bollwerk bietet eine rundum gesunde, zufriedene Katze. Foto: Binder

• Hefe- und Schimmelpilze
kommen als Erreger unspezifischer Dermatomykosen in Betracht, die jedoch nie von sich aus einen Krankheitsherd erzeugen, sondern »nur« einen bereits bestehenden Entzündungsprozess begünstigen und erhalten. Finden jedoch bestimmte Hefepilzarten vorgeschädigte Körperoberflächen, siedeln sie sich darauf an, vermehren sich dort und gelangen teilweise sogar bis in die Unterhaut. Wegbereiter sind primäre Grundleiden wie unter anderem Allergien, Viren, Bakterien oder Parasiten. Auch Störungen des Hormon- oder Vitaminhaushalts sowie Magen-Darm-Krankheiten und herabgesetzte Immunabwehr durch Stress, Schmutz und extrem schlechte Haltung lassen den Pilz zum Krankheitserreger werden.
Typische Symptome gibt es leider nicht wirklich. Knötchenbildung, körnige, geschwulstartige Veränderungen der Haut, gelegentlich Juckreiz sowie chronischer Verlauf und vor allem Therapieresistenz sind als Hinweise zu werten.

Diagnose:
Aufgrund des indifferenten klinischen Bildes mehr als schwierig! Erst der wiederholte Nachweis eines fakultativ pathogenen Hefe- oder Schimmelpilzes im Rahmen mehrmaliger Untersuchungen mittels Kulturen kann die Diagnose unterstützen.

Behandlung:
Bei gesichertem Nachweis der Beteiligung von Hefe- und Schimmelpilzen kann der »Feind« wirksam bekämpft werden. Dass für den Erfolg die Behandlung der Grunderkrankung eine wesentliche Rolle spielt und wir dazu selbstverständlich »studierter« Hilfe bedürfen, muss ja wohl nicht extra betont werden.

Bei allen nachfolgend angeführten Mykosen werden Sie ohne Tierarzt kein Land gewinnen!!! Selbst dieser wird's nicht leicht haben. Der kurze Anriss der möglichen Anzeichen plus Folgen soll Sie lediglich dafür sensibilisieren, was in unseren gepflegten Breiten so alles anzutreffen ist – aber BITTE nicht überreagieren lassen = hören Sie nun nicht bei jedem Krächzen das Gras wachsen und nisten künftig im medizinalen Wartezimmer ... der Veterinär sinkt ins frühzeitige Grab, aber Mieze wird hundert ...

Systemmykosen

Pilzinfektionen, die sich im »Innenleben« der Katze (und des Menschen!) abspielen, zählen zu den absoluten Unerfreulichkeiten dieses Krankheitskomplexes und sind einer Therapie teilweise schwer bis gar nicht zugänglich. Die Erreger sind entweder exogenen (= von außen) oder endogenen (= von innen) Ursprungs, vermehren sich innerhalb eines Warmblüterorganismus und sind für unterschiedliche Erkrankungen verantwortlich. Systemmykosen bei der Katze werden in zwei Gruppen unterteilt:

Primäre Systemmykosen

Die gute Nachricht zuerst: Im europäischen Raum sind primäre Systemmykosen äußerst selten anzutreffen. Die weniger gute: Angesichts des interkontinentalen Reiseverkehrs (Ausstellungen, Importkatzen, Ferien) sollte die Möglichkeit einer Einschleppung dennoch nicht unterschätzt werden. Hefe- und dimorphe (= zweigestaltige) Pilze sind die – ausnahmslos exogenen – Erreger.

• Kryptokokkose

(auch als Europäische Blastomykose bekannt) gedeiht besonders gern auf Vogelmist. Der Erreger dringt infolge Staubinhalation vor allem über die Schleimhäute der Atemwege – aber auch über verletzte Haut – in den Organismus (Mensch und Tier) ein und manifestiert sich bei unserer Mieze vorzugsweise im oberen Respirationstrakt (Nase), dann folgen Zentralnervensystem, Augen, Lymphsystem, Milz, Leber, Niere. Atembeschwerden, Nasenausfluss, Bewegungsstörungen, Erblindung, Darmgeschwüre usw. sind die Folge. Der Verlauf ist chronisch. Wie das ausgeht, können Sie sich sicher denken …

Falls die Diagnose rechtzeitig gestellt werden kann, ist eine Behandlung zwar möglich, der Erfolg aber zweifelhaft.

• Sporotrichose

ist weltweit in der Natur anzutreffen: Erdboden, Holz, Pflanzen. Umweltfaktoren begünstigen das sporadische Auftreten. Gefährdet sind Mensch und Säugetiere (Pferd, Hund, Katze). Die Inkubationszeit liegt zwischen 3 und 21 Tagen. Die Infektion erfolgt über Hautverletzungen, die Luft, aber auch oral, und wandert durch die Lymphbahnen, wo sich Eiterknötchen bilden, die beim Aufbrechen (unbemerkt, da schmerzlos) ulzerieren = Geschwüre bilden. Meist sind die Extremitäten befallen, jedoch eine Ausbreitung auf Lunge, Leber und Nieren, vielfach auch auf die Kno-

chen, ist möglich. Der Verlauf ist überwiegend chronisch, die Symptome unauffällig.
Eine Diagnose ist nur über den kulturellen Erregernachweis möglich, weshalb die Prognose für eine Therapie als »äußerst ungünstig« beschrieben wird.

• Histoplasmose
kommt bei Mensch und Tier (Pferd, Rind, Hund, Katzen, Mäuse) vor und hat ebenfalls den Erdboden als natürliches Reservoir, siedelt sich jedoch bevorzugt auf Ausscheidungen an (Vögel, Fledermäuse = Höhlen!). Der Erreger gelangt in der Regel durch Einatmen (seltener über kleine Hautwunden) über die Luftwege in die Lunge und verursacht chronischen Husten, Lymphknotenschwellungen, Fieberschübe oder blutigen Durchfall. Auch Geschwüre in der Mundhöhle, Leukopenie, Anämie und Gewichtsverlust bei normalem Appetit können damit in Zusammenhang gebracht werden. Bildet sich analog zur Tuberkulose ein Primärkomplex, kann dieser metastasieren und einen tödlichen Ausgang zur Folge haben.
Zu den sichersten Diagnosemöglichkeiten zählen der kulturelle Erregernachweis bzw. serologisch durch Antikörpernachweis. Die Therapie ist selten Erfolg versprechend, insbesondere die Nierenfunktion muss ständig kontrolliert werden.

• Kokzidioidomykose
kommt vorwiegend im Südwesten der USA, Mittel- und Südamerika vor (falls Sie dort eine Katzen kaufen wollen?), vereinzelt auch in Europa (durch Einschleppung). Betroffen sind Menschen und größere Säugetiere (von der Katze aufwärts). Die Infektion erfolgt durch Einatmen und kann nach einer Inkubationszeit von 7 bis 28 Tagen pneumonische Erscheinungen (= Lungenentzündung) mit wechselndem Schweregrad hervorrufen, die entweder spontan ausheilen oder rasch zum Tod führen. Über den Blutweg ist eine Entwicklung in anderen Organen (Leber, Milz, Niere, Gehirn, Knochen) bekannt. Selten sind geschwürige Hautveränderungen beobachtet worden.
Für die Diagnose werden mikroskopische und kulturelle Erregernachweise sowie serologische Verfahren angewendet. Das klinische Material ist extrem ansteckend. Wird eine Therapie versucht, ist eine Teilwirkung möglich. Bei gutartigem Verlauf ist eine Behandlung nicht notwendig.

Sekundäre Systemmykosen
Damit bezeichnet man verschiedene Hefe- und Schimmelpilze, die häufig als Saprophyten (= Pflanzen, die auf faulenden Stoffen leben) auf Körperoberflächen und Schleimhäuten zu finden sind. Man unterteilt sie in Aspergillosen, Zygomykosen und Candidamykosen. Ähnlich wie bei den nicht-ansteckenden Dermatomykosen muss ihrer krankmachenden Wirkung eine Vorschädigung vorausgehen: Erkrankungen der Atemwege, der Lunge und des Verdauungstraktes (Magen/Darmschleimhaut). Auch im Zusammenhang mit Panleukopenie (als Katzenseuche bekannt) wurden solche Pilzerkrankungen häufig beobachtet.

Die Diagnose
ist insofern schwierig, als die klinischen Symptome den Verdacht in erster Linie auf andere Infektionskrankheiten lenken und die Pilzerkrankung somit nicht erkannt wird. Ein kultureller Erregernachweis (der auch beim gesunden Tier festgestellt werden kann) im Zusammenhang mit einer Primärerkrankung wäre allerdings ein ernst zu nehmender Hinweis. Bei sicherer Diagnose ist eine Therapie unter Umständen erfolgreich.

Noch einmal: Systemmykosen werden nicht übertragen und sind in der Regel Einzelerkrankungen **– unter Berücksichtigung der weitgehend unzureichenden Behandlungsmethoden ist das schlimm genug. Jedenfalls wäre es bei »seltsamen«, vor allem chronisch verlaufenden Erkrankungen, denen nicht und nicht auf den Grund zu kommen ist, durchaus anzuraten, zumindest einen scheelen Blick Richtung Pilz zu werfen. Vor allem, wenn eines/mehrere der oben erwähnten Symptome in das klinische Bild passen.**

Tipp

Bringt Mieze den Medikus ins Grübeln, kann ein Erregertest (nach dem Ausschlussprinzip) nie schaden und, schon im Anfangsstadium einer Behandlung, der Patientin langwierige medikamentöse Versuche ersparen.

Der Homöopath schreitet zur Tat …
Die Homöopathie versteht sich hier als Unterstützung einer schulmedizinischen Behandlung und – sofern Sie der »klassische« Weg nicht glücklich macht – als alleinige Therapie in Eigenregie nur bei weniger dramatischem Verlauf. Massive Erkrankungen unterliegen der Verantwortung eines geschulten Homöopathen! Welchen ich Ihnen auch wärmstens ans Herz legen möchte bei Katzen, die aufgrund anderer Beschwerden über längere Zeit medikamentös versorgt werden müssen/mussten und sowieso schon bis über die Ohren mit Arzneimitteln vollgestopft sind.

- ÄUSSERLICH eignen sich Echinacea-Urtinktur oder eine 10%ige Hypericum-Calendula-Lösung (Apotheke). Damit werden die befallenen Hautpartien einige Male täglich mit einem Pinsel oder Schwämmchen behandelt – etwa 6 Wochen lang, ab der »Halbzeit« (je nach Erfolg) allmählich auslaufen lassen: 3-2-1 x täglich, alle 1-2-3 Tage. Die Tinktur sollte trocken sein oder (wenn Mieze davon keinen Herzinfarkt bekommt) trockengefönt werden, bevor Sie ihr die Startbahn wieder frei geben.
- INNERLICH sind Nosoden (D30 1 x wöchentlich 6 Wochen lang) aus dem entsprechenden Pilz eine hervorragende Unterstützung sowohl zur Schulmedizin als auch zusätzlich zu:
- Sepia D200, 1 x wöchentlich über 4 Wochen (oder D3, 3 x täglich für 14 Tage oder länger) bei schuppig-borkigen, aber trockenen Kahlstellen, vorzugsweise im Gesicht, den Gelenkbeugen und im Geschlechtsbereich
- Bacillinum D200, 1 x wöchentlich 4 Wochen lang bei Trichophytie
- Pulsatilla D30, 2 x wöchentlich für 4-6 Wochen bei Mikrosporie (vornehmlich Kopf, Hals, Ohr, Lendengegend) mit bereits entzündlichen Prozessen
- Arsenicum album D30, 2 x wöchentlich 4-6 Wochen lang, bei Anfälligkeit für alle möglichen Hautkrankheiten, oft verbunden mit chronischen Beschwerden
- Auch Silicea D200 (oder D30), 1 Gabe für 3-5 Tage nach Abschluss einer Kur verabreicht, unterstützt die Regeneration der Haut.

Bei einer herkömmlichen Behandlung mit Salben aus der Schulmedizin können Sie mit einem der beiden oben genannten Mittel auch die betroffenen Hautpartien säubern (danach trockentupfen oder -pusten), bevor Sie neuerlich Salbe aufbringen. Allerdings werden Sie Mieze hier den »Trichter« nicht ersparen können – die meisten Katzen legen dabei den Rückwärtsgang ein in der Hoffnung, dass sich das hinderliche Etwas dadurch entmaterialisiert, oder sitzen bewegungslos wie zur Salzsäule erstarrt. Kein Wunder, die Dinger sind so groß, dass sie nicht einmal ihre Füße sehen können. Da würden wir auch ein wenig rotieren, oder?

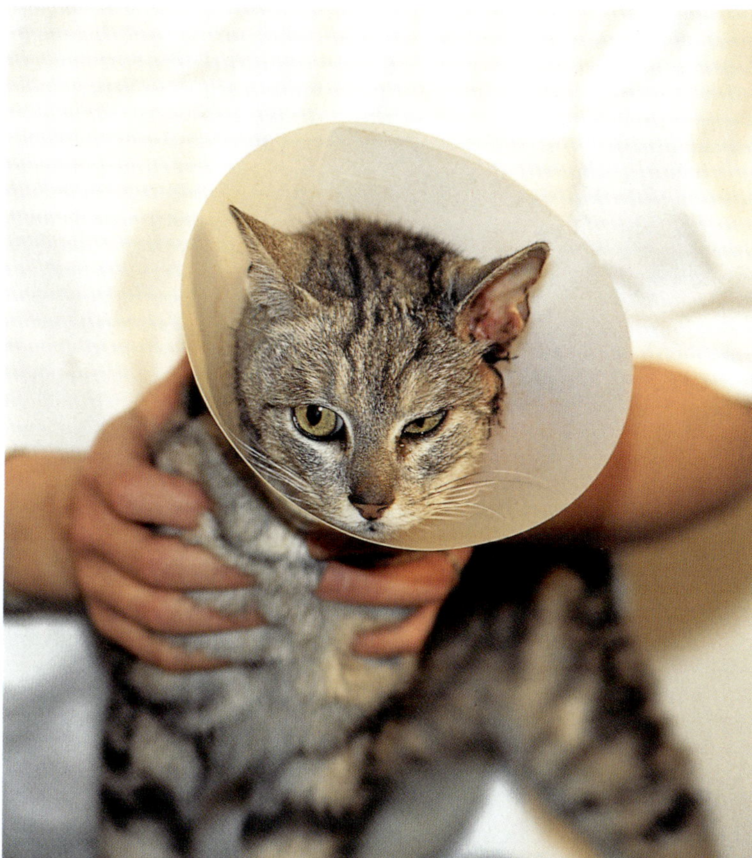

Manchmal geht's nicht ohne Trichter – schnipseln Sie ihn »Kopf-gerecht«: Unten etwa reicht bis knapp über's Kinn. Foto: Binder

- Schneiden Sie rundherum so viel ab, dass sie mit ausgestreckter Zunge grade mal den Rand erreicht; das betrifft in etwa 1/3 bis gut die Hälfte der Halskrause (alles darüber ist sowieso unnütz), dann kann sie wenigstens drüber gucken.
- Lassen Sie Mieze – unter Aufsicht – wenigstens ihre Mahlzeiten »ohne« genießen und bei vorbildlichem Benehmen auch mal ohne aufs Klo oder bei extra dafür eingerichteten Streichelsitzungen, um dem lädierten Gemütszustand kleine Päuschen zu verschaffen.

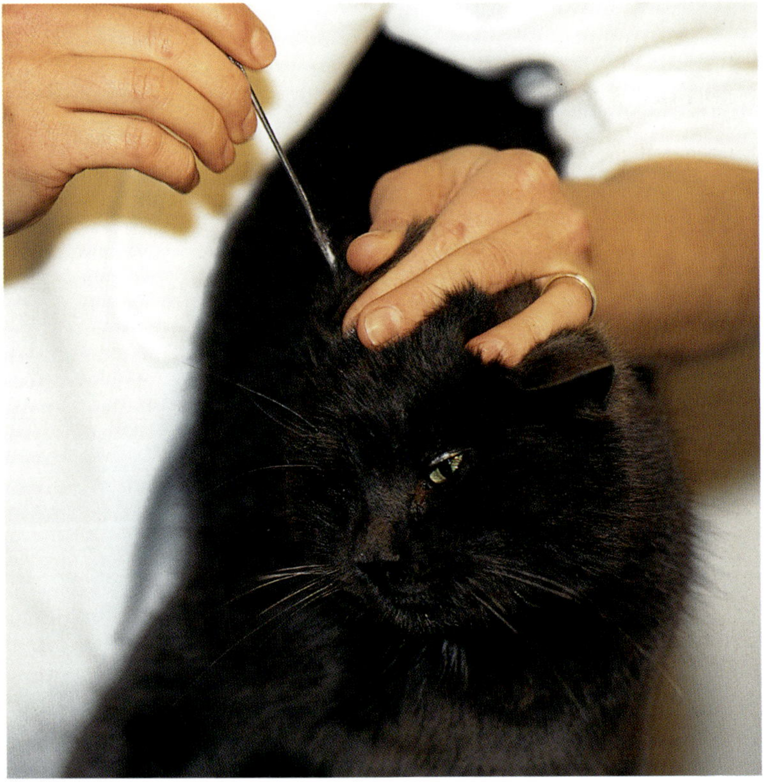

Der Milben liebster Aufenthaltsort: das Ohr. Wenn Sie nicht *wirklich* ein Profi sind, sollten Sie diese Art der (notwendigen) Reinigung dem Fachmann überlassen. Foto: Binder

Mustergültige Haltung während der notwendigen Prozeduren sollte außerdem jeweils danach großzügig mit Leckerchen belohnt werden! Das ganze Theater macht nicht nur Ihnen, sondern sicherlich auch Mieze keine Freude, also seien Sie nett zu ihr und verschaffen dem Pilz durch Psychostress keine neue Chance!

Klein und gemein: Milben

Milben gelten, wie alle blutsaugenden Parasiten, als potenzielle Ansteckungsgefahr und Überträger virös, bakteriell oder parasitär bedingter Erkrankungen.

- Die Übertragung ist relativ einfach, sie erfolgt von Tier zu Tier, Tier zu Mensch (und vice versa) oder über infiziertes Material.

Katzen mit Auslauf sind natürlich besonders gefährdet, aber theoretisch genügt das Streicheln eines netten, vor dem Supermarkt angeleinten Hundchens, dessen Untermieter uns – logisch – nicht aufgefallen sind. Ungefähr nach drei Wochen bekommt die einsame Invasorin dann Familie, denn so lange dauert in etwa der Entwicklungszyklus, der sich zudem in allen Stadien vom Ei bis zur Milbe auf dem Wirtstier vollendet (abgesehen von der Herbstgrasmilbe: nur ihre Larve lebt parasitär, die anderen Entwicklungsstadien im Boden).

Die lästigen Plagegeister sind nicht nur ziemlich widerstandsfähig, sondern zu allem Übel auch noch wanderfreudig: Bei ungenügenden oder falschen Bekämpfungsmaßnahmen suchen sie sich »vergessene« Körperstellen (irgendein Fleckchen findet sich immer), um nach Entspannung der Lage wieder zurückzukehren. Eine entsprechend konsequente Behandlung = *AUSSCHLIESSLICH unter tierärztlicher Aufsicht* ist daher unerlässlich, in die gleichermaßen vor allem Liege- und Schlafplätze mit einbezogen werden müssen. Eine mittlere häusliche Putzorgie – je nach Schädling – im gesamten Wohnbereich kann gleichfalls nicht schaden.

HINWEIS:
Der Veterinär wird unter anderem Insektizide einsetzen – er wird wissen, was er tut, denn viele sind für Katzen nicht verträglich. Also noch einmal: keine privaten Doktorspiele!

Für die Früherkennung müssen wir zwar das Argusauge anwerfen, aber die Krankheitsbilder sind durchaus erkennbar:

- *Grabmilben (Sarcoptesräude)*

Diese kleinen Ekelpakete sind leider wieder »im Kommen«, *anzeigepflichtig wie eine Seuche!!*, sehr hartnäckig und auf den Menschen übertragbar, bei dem sie eine fiese Scheinräude verursachen – die wir zuerst an den Händen bemerken (durch Streicheln übertragen) = kleine, höllisch juckende Pusteln, manchmal mit leichtem »Grau-stich«.

Sarcoptesräude bei der Katze beginnt meist am Kopf und breitet sich (durch das Putzen) rasch auf den ganzen Körper aus, bis zur Schwanzspitze. Die ersten sichtbaren Hautveränderungen sind Knötchen und Pusteln oder vermehrte Schuppenbildung, verbunden mit starkem Juckreiz. Später kommt es zur Hautverdickung und Faltenbildung, Haarausfall und eitrigen Hautentzündungen. Die Behandlung (Tierarzt) kann aufgrund der Widerstandsfähigkeit des Parasiten sehr langwierig sein, also werfen Sie nicht zu früh das Handtuch!

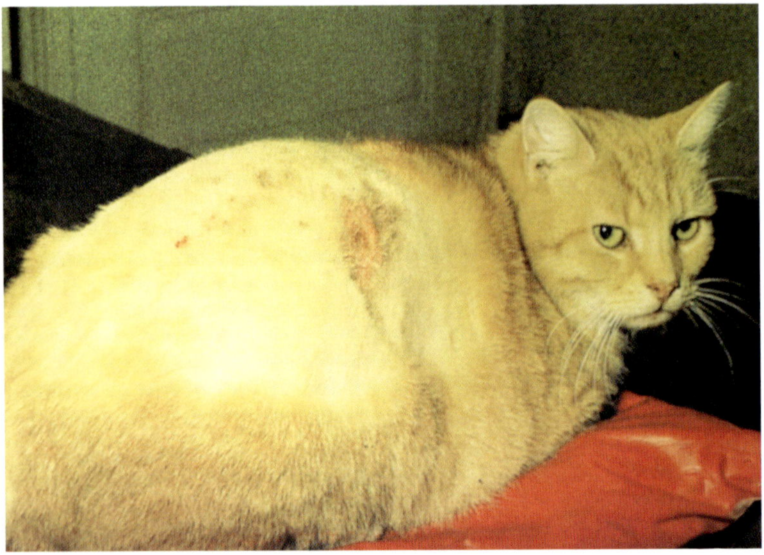

Da hat Mieze gekratzt, was das Zeug hielt – krustöses Rückenekzem.
Foto: Dr. Teichmann

• *Raubmilben*

Eher selten, aber doch, kommen diese Schmarotzer auch bei der Katze vor. Wie die Grabmilben sind auch sie auf den Menschen übertragbar, der unter heftig juckenden Hautveränderungen mit Pustel- und Krustenbildung zu leiden hat. Bei der Katze sind bevorzugt auf der Schulterpartie und am Rücken räudeartige Erscheinungen, Hautentzündungen und eine starke Verhornung der Haut zu erkennen.

Hier können Sie detektivische Vorarbeit mittels der »Klebestreifenmethode« leisten: Das Fell an einer befallenen Stelle wird vorsichtig gescheitelt und ein Tesafilm draufgepresst. Der so verhaftete Parasit ist aufgrund seiner Größe = 0,5mm sogar mit freiem Auge recht gut erkennbar. Im Prinzip reicht es, wenn Sie »etwas rudern« sehen. Die Bekämpfung (Tierarzt!) ist problemlos.

• *Kopfräude*

Von der Außenseite der Ohren = Ohrränder wandern die Räudemilben über Kopf und Hals. Starker Juckreiz lässt Mieze sich häufig kratzen, wodurch die Parasiten auf die Extremitäten gelangen und sich schließlich auf dem gesamten Körper ausbreiten. Zunächst bemerken wir nur Pusteln bzw. kleieartige Schuppen, später Bläschen und zerklüftete Borken, oft auch blutig-eitriges Sekret zwischen den Krusten. Starker Haarausfall ist die Folge. Behandlung (Tierarzt!) und Pflege sind entsprechend intensiv.

• *Ohrräude*

Häufiges Kratzen mit schiefer Kopfhaltung – als würde Mieze hoffen, dass der Lästling dadurch leichter herausfällt – sind typische Kennzeichen für diese Milbenart, die den absoluten Spitzenreiter stellt: Es wird nicht sehr viele Katzen geben, die davon verschont geblieben sind. Leider sind die Symptome manchmal sehr schwach, weshalb der Parasit lange unentdeckt bleiben und – zumeist bei älteren Katzen – ein biologisches Gleichgewicht entstehen kann. Ansteckend und eine latente Infektionsgefahr für alle vierbeinigen Mitbewohner ist er trotzdem. Kopf schüttelnde respektive Kopf schief haltende kleine Kätzchen sollten den Besitzer dazu veranlassen, unverzüglich einen tiefen Blick in die (kindlichen wie mütterlichen) Ohren zu tun.

Wir finden anfangs schwarze Krümel innen auf der Ohrmuschel und denken harmlos an Schmutz. Später werden daraus bräunlich-rötliche, etwas schmierige (oft auch übel riechende) Absonderungen, die aus dem Ohr »herauswachsen«

und dann (meist ein bisschen glänzende) Krusten und Borken bilden, die als dicker Pfropf den Gehörgang verlegen. Je mehr Absonderungen, desto stärker wird der Juckreiz.

Tipp

Fummeln Sie dann bitte nicht mit Wattestäbchen in Miezes Ohr herum, Sie schieben damit den Pfropf nur noch tiefer hinein!

Ohrmilben ritzen die empfindliche Haut im Gehörgang und ernähren sich vom Gewebesaft, wodurch sie winzige Verletzungen verursachen – ein prächtiger Nährboden für Pilzsporen und Bakterien! Reagieren wir allzu nachlässig, sind die Folgen fatal: Eine nachfolgende Ohrentzündung kann das Trommelfell zerstören und Schwerhörigkeit bis Taubheit verursachen. Und Bakterien wandern bis ins Gehirn!
Manche Tierärzte, die sehr viel mit Ohrräude zu tun haben, glänzen mit sehr effizienten Wundermitteln Marke Eigenbau, aber auch die »üblichen« Kombinationspräparate sind nicht weniger wirkungsvoll. Die bisweilen langwierige Behandlung (zumindest 14 Tage) muss in hartnäckigen Fällen regelmäßig wiederholt werden. Die Gefahr der Reinfektion ist groß, da Ohrmilben ganz gern auswandern und nach Beendigung der Kur wieder ins Ohr zurückkehren (und eine Ganzkörperbehandlung erforderlich machen), also zeigen Sie sich diszipliniert!

• *Herbstgrasmilbe*
Nicht nur im Herbst, sondern schon ab dem Spätsommer sitzen die Larven auf Gräsern und Büschen und warten auf wohlschmeckende Warmblüter, die ahnungslos vorbeispazieren … Bevorzugt sind Stellen mit weicher Haut – Unterbauch, Ohrmuschel, Gesicht, Innenseite der Schenkel, Zwischenzehenhäute, Schwanzspitze. Wir finden an der auch hier von Juckreiz geplagten Mieze gelbe bis rötliche Pünktchen (= wenige Milben) oder rote Flecken, Pusteln und räudeähnliche Erscheinungen (= hochgradiger Befall). Die Therapie ist relativ einfach. Ohne Tierarzt sollten Sie's trotzdem nicht versuchen.

• *Demodexräude*
Diese winzigen Plagegeister parasitieren vorwiegend an Körperstellen mit dünner Haut und wenig Haaren – wie im Bereich der Nasen- und Augengegend, am Ohr oder im äußeren Gehörgang – bei sehr starkem Befall auch in den Talgdrüsen.

In meinem Fell wohnt gar nichts – außer mir, das sieht wohl jeder! Foto: Binder

Die Übertragung erfolgt fast immer von der Mutter auf die Kitten, schon bei den ersten Saugakten. Hautverdickungen, Haarausfall und krustöse Veränderungen sind gerade im Gesicht deutlich zu sehen. Glücklicherweise ist diese eher zögerlich heilende Erkrankung heute ausgesprochen selten.

> **Tipp**
> **Schmeißen Sie jetzt nicht die Nerven weg, weil Sie sich vielleicht fragen, wie um alles in der Welt Sie die Biester voneinander unterscheiden sollen – es ist nicht zwingend notwendig, sie ihrer jeweiligen Familie zuordnen zu können. Wichtig ist, dass Sie Mieze unverzüglich in den Korb schubsen und beim Veterinär vorstellig werden, wenn Sie eines/mehrerer beschriebener Symptome ansichtig werden.**

Tadellos vereint

Zur Bekämpfung unerwünschter Fellbewohner sollten sich auch Anhänger der Alternativmedizin nicht den wirklich sehr effektiven Segnungen der Schulmedizin entziehen. »Brotlos« sind sie trotzdem nicht, denn die Homöopathie bietet Unterstützung:

- Zur allgemeinen Stärkung und Aktivierung des Säureschutzmantels der Haut Sulfur D30, wöchentlich 1 Tablette für 3 bis 4 Wochen. Eine 1-2malige Gabe Sulfur D30 nützt auch zur Entgiftung einer vorangegangenen chemischen Behandlung.
- Knötchen oder Pusteln »schmelzen« durch Silicea D12, 3 x täglich bis zu 14 Tage lang eingegeben. Verdickungen der Haut oder Wunden, die durch ständiges Abkratzen des Heilschorfes entstanden sind, sprechen besser auf Silicea D30 an, wenn man es 3 x täglich für 4-8 Tage verabreicht.
- Zur Prophylaxe = sozusagen als homöopathischen Impfschutz, geben wir Apis D30 2 x im Abstand von 2 Tagen, mit einer Wiederholung nach jeweils 6 Monaten.

Als Ergänzung zur ärztlichen Therapie haben Sie mit Sulfur und Silicea in jedem Fall grünes Licht, es kann nur nützen. Verlassen Sie sich aber bitte nicht allein auf die Wirkung der Vorsorge, denn selbst bei entsprechend vernünftiger Hygiene und Pflege kann sie diesbezüglich keine Wunder vollbringen! Bleiben Sie wachsam. Mieze wird es Ihnen zu danken wissen!

Ein Prachtexemplar mit glänzendem Fell – da haben's Untermieter schwer.
Foto: Gmeiner

Wenn im Frühling die Natur erwacht, können Gräser- und Blütenpollen auch Katzen allergische Bronchitis bescheren. Foto: Binder

IV. Wenn die Lunge »Heuschnupfen« hat

Nicht immer »erfreut« uns Mieze mit einem Hautausschlag oder fellmäßiger Entblätterung, was wir wenigstens sehen können, sondern manchmal plagen sie auch allergische Reaktionen der »inneren Art«. Eine Verengung der Bronchien, Asthma, Enddarmentzündungen und in seltenen Fällen sogar Nierenversagen kann sich einstellen – Inhalations-Allergene, Arznei- und Futtermittel sowie simple Insektenbisse sind die häufigsten Verursacher.

Allergische Bronchitis

Die ersten Anzeichen sind Atembeschwerden bis hin zur Atemnot – akut ausgelöst vorwiegend durch Gräserpollen (nur im Frühjahr), Hausstaub und Putzmittel (etwa nach/während dem Frühjahrsputz oder ähnlicher massiver »Anfälle« hausfraulicher Art), Isoliermaterial (nach einer Handwerker-Heimsuchung), seltener auch aufgrund extremer Zigarettenrauch-Belastung (wie nach einer Party).

Die Bronchien werden durch die Einwirkung der Substanzen verengt, worauf, kurz gefasst, der Sauerstoffaustausch in den Lungenbläschen durch Flüssigkeitsansammlung behindert wird. Mieze nimmt meist eine kauernde Stellung ein, macht den Hals lang und versucht, durch das Mäulchen Luft zu kriegen – die akute Atemnot ist nicht zu übersehen, ebensowenig die Bauchatmung (= immer ein Hinweis darauf, dass die Lunge betroffen ist): Die seitlichen Bauchmuskeln heben und senken sich überdeutlich und können als mögliche Vorboten für einen anaphylaktischen Schock mit anschließendem Kreislaufversagen gewertet werden.

- Haben Sie's in Sekundenschnelle bei der Hand, können Sie beherzt 1 x Carbo vegetabilis D200 plus Aconitum napellus M10 einwerfen, während Sie zügig zum Telefon greifen und Ihren Tierarzt verständigen, dass Sie im Anflug sind. Rasches Handeln, tunlichst ohne jeden Stress, kann der zweifellos auch sehr verängstigten Mieze das Leben retten.

ACHTUNG:
Die gleiche Kauerstellung mit vorgestrecktem Hals sehen wir auch, wenn Unerwünschtes ausgehustet werden soll. Pendelt der Kopf (oft in Schräghaltung) rechts-links und wir hören gruselig klingendes, Hustenartiges Gekrächze ... warten Sie ein bisschen, DIESER »Anfall« ist nach ein, zwei Minuten wieder vorbei und Mieze geht zur Tagesordnung über.
Ein Haar, ein Krümel, ein Grashalm, oder sie hat sich einfach nur verschluckt – das ist normal und Sie werden es vermutlich noch öfter erleben.

Weit weniger dramatisch ist der chronische Verlauf, gekennzeichnet durch Kurzatmigkeit, röchelnde Atemgeräusche und manchmal Husten unterschiedlich starker Ausprägung. Ständige, leichtere Beschwerden (gleicher Ursache oder unerklärlicher Herkunft) können sehr wohl auf den Staub vom Klo-Einstreu und gelegentlich auch auf Schimmelpilze zurückzuführen sein. Durch die permanent erschwerte Durchblutung der Lungengefäße wird die rechte Herzkammer in Mitleidenschaft gezogen und irgendwann entwickelt sich eine Rechtsherzinsuffizienz (= Schwäche) – so weit sollten Sie es nicht kommen lassen und bei Atemproblemen immer den Veterinär konsultieren.

- Die Homöopathie hat hier ebenfalls einige ausgesprochen nützliche Pfeile im Köcher, die aber präziser und subjektiver Wahl bedürfen, wozu ärztliche Empfehlung angeraten ist.

»Unverdaute Allergene«: Magen/Darm

Hartnäckiger wässriger bis breiiger Durchfall und Abmagerung bei sonst unauffälligem Verhalten gibt uns manchmal Rätsel auf. Er könnte auf eine chronische eosinophile (= syn. »rot gefärbt«) Enteritis hinweisen. Aufgrund starker Reizung des Enddarms beobachten wir gelegentlich auch Blut im Kot. »Schuldig« sind oft Darmparasiten, zumeist liegt aber eine Unverträglichkeit gegen bestimmte Futtermittelbestandteile oder Arzneimittel vor. Die Substanzen führen zu einer Entzündung in der Darmschleimhaut, in weiterer Folge wird der Futterbrei unzulänglich abgebaut und Flüssigkeit nicht mehr vollständig resorbiert.

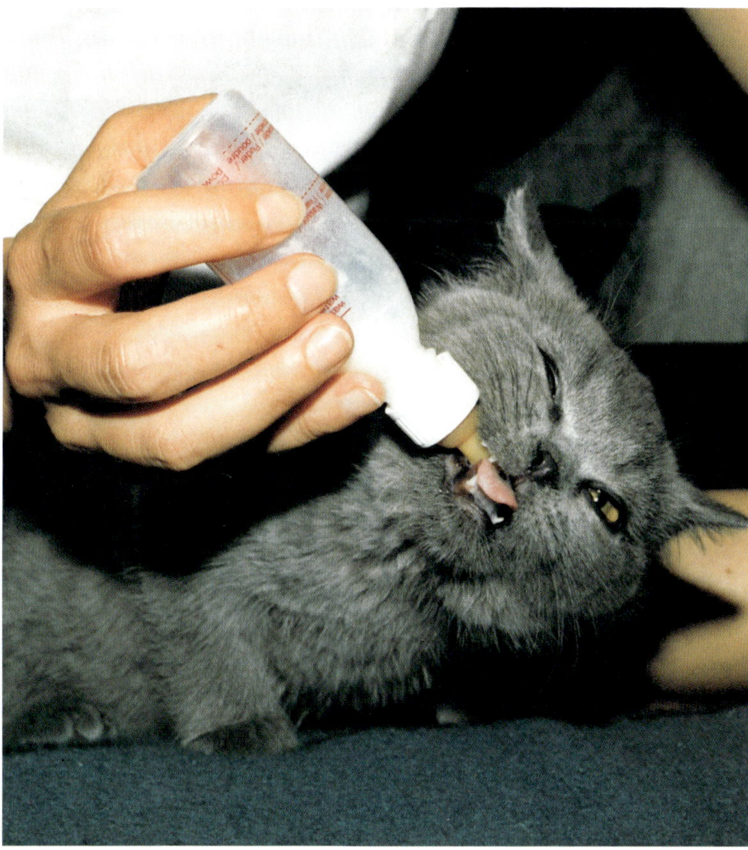

Kleine Kätzchen kann man mit Aufzuchtmilch überlisten, leicht lösliche Medikamente (auch Homöopathika) einzunehmen, ohne dass die Therapie zum Schockerlebnis wird. Foto: Kilian

Zeitweiliges bis ständiges Erbrechen unverdauter Mahlzeiten weisen auf einen vergleichbaren Prozess im Magen hin – Besserung nach einem Futterwechsel bestätigt die Diagnose. Ursprung der Überreaktion sind häufig Konservierungsstoffe und Bindemittel (die Futtermittelindustrie hat inzwischen mit entsprechend veränderten Rezepturen darauf reagiert), aber auch tierische (Schweinefleisch, Kuhmilch) oder pflanzliche (Getreidesorten) Eiweiße.
Zur Abklärung kommen Sie um den Mediziner nicht herum, für die Behandlung bieten sich – wie vorzugsweise bei allen chronischen Erkrankungen – exzellente Homöopathika an, wie auch eine schulmedizinische Medikation Erfolg verspricht. Auf die leichte Schulter nehmen dürfen Sie derartige Symptome jedenfalls nicht, denn selbst eine langsam schleichende Schwächung erreicht einmal einen Punkt, wo sie nicht mehr reversibel ist.

- Hylak-Tropfen (Merckle) = ein keimfreies Konzentrat der Stoffwechselprodukte u. a. von Milchsäurebildnern, bietet exzellente Hilfe bei allgemeinen Verdauungsbeschwerden (zum Beispiel aufgrund Antibiotika-Behandlung, Säuremangel, Darm-bedingter Übelkeit beziehungsweise Kreislaufstörungen sowie chronischen allergischen Hauterkrankungen). Ein »natürliches«, wirklich mächtiges Mittel aus der Humanmedizin.

V. Modern Times – Wege der Behandlung

Sogar wenn Sie meinen Angaben gütigerweise blind vertrauen – Zweiflern sei verraten, dass sie nicht auf meinem eigenen Mist gewachsen, sondern einigen namhaften Homöopathen »entlehnt« und zudem seit vielen Jahren sowohl persönlich als auch per Empfehlung erprobt sind – sollten Sie zwecks präziser Diagnose einen Veterinär kontaktieren. Es erleichtert nicht nur die Entscheidung pro oder kontra Naturheilkunde beziehungsweise sowohl als auch, sondern konkretisiert die Wahl der Mittel.

Vermutungen in Richtung Allergie sollten Sie nach wirklich kompetenten Fachleuten forschen lassen, die sich darauf spezialisiert haben. An den nachfolgenden Kontaktadressen (auf der nächsten Seite) wird man Sie zumindest »weiter reichen«, falls Sie am anderen Ende des Landes logieren:

Testmethoden und Therapie

Da die Haut im Gegensatz zur Vielzahl der Ursachen eher wenige Reaktionsmuster zeigt, ist es selten möglich, allein durch Betrachten eine Diagnose zu stellen, das heißt, es müssen diagnostische Tests durchgeführt werden. Allergieambulanzen können je nach Ausrüstung an die 70 verschiedene Allergene injizieren, um anhand unterschiedlich auftretender Schwellungen beziehungsweise Entzündungen herauszufinden, auf welche Umweltstoffe Mieze allergisch reagiert.

Eine weitere Möglichkeit bietet der In-vitro = Blut-Test. Bei manchen Allergien können Immunglobuline = Abwehrstoffe gegen bestimmte allergene Substanzen im Blut vermehrt auftreten. Diese Vermehrung kann im Blut gemessen werden.

Egal ob Sie zum Schulmediziner oder Naturheilkundigen gehen – kein Mensch kann sich alle Details merken und auf Kommando »abrufen«, daher ist hier für jeden Tierarzt

- ein »Tagebuch« ausgesprochen nützlich, in dem Sie die näheren

Deutschland	GGTM – ganzheitlich arbeitende Tierärzte	zaen-freudenstadt@t-online.de Auskunft über den Zentralverband der Ärzte für Naturheilkunde in Freudenstadt (ZÄN) D-72250 Freudenstadt, Alfredstraße 21 Tel.: 07441-2151, Fax: 07441-87830 Info@ggtm.de www.ggtm.de
		Bundesverband der Praktischen Tierärzte BPT e. V. D-60528 Frankfurt/ Main, Hahnstraße 70 Tel.: 069-6698180, Fax: 069-6668170
Schweiz		www.doktor.ch, www.tierarzt.org – beide leider erst im Aufbau Info@ggtm.de und www.ggtm.de – mit Site für CH
Österreich	Fachtierärzte für Naturheilkunde	www.tierarzt.at/index1.html Info@ggtm.de und www.ggtm.de – mit Site für A
	Dr. Otto W. Fischer VOEK - Austrian Small Animal Veterinary Association	www.tierspital-korneuburg.at www.tierspital-korneuburg.at A-2100 Korneuburg, Feldgasse 8 Tel.: +43-676-4289089 Fax: +43-2262-6127025
überregional		größter medizinischer Internet-Dienst: www.medscape.com (wer gern stöbert ...)

Umstände der Symptome = welche Veränderungen, wo = Haut, Haar (an welchen Stellen), Luftwege (Husten, Niesen, Tränen), wie lange schon usw. samt allen sonstigen Beobachtungen (Magen/Darmprobleme, mangelnder Appetit?) möglichst penibel und chronologisch aufgelistet haben.

- Der Veterinär wird es begrüßen, wenn Sie Mieze mit leerem Magen zur Erstuntersuchung bringen (die in etwa eine Stunde in Anspruch nehmen wird) und sie vorher weder baden noch Salbe auftragen oder sonstwie behandeln – um das klinische Bild nicht zu verändern.
- Steht Mieze in Behandlung, welcher Leiden auch immer, nehmen Sie sämtliche Befunde und/oder Medikamentenpackungen mit.

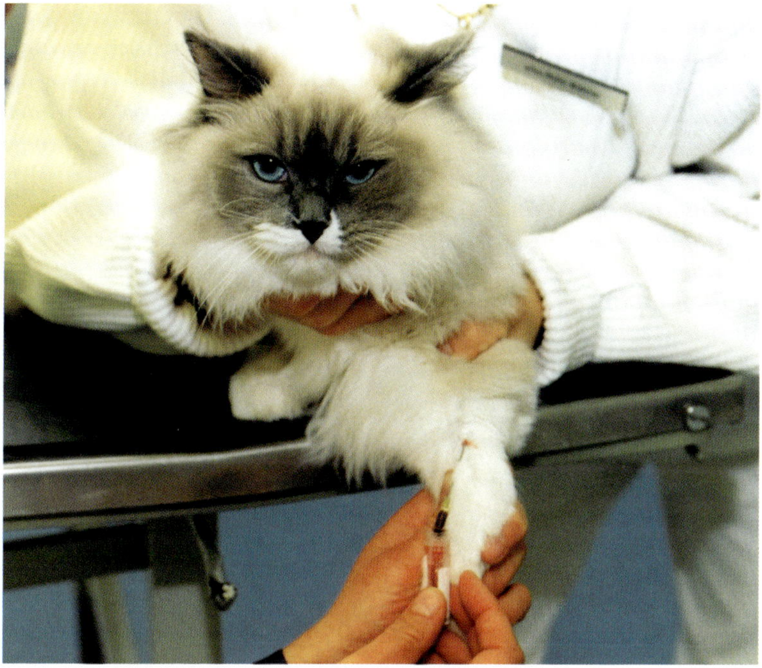

Glücklich der Zweibeiner, dessen Mieze beim Bluttest so viel Haltung bewahrt – trotz leicht grimmiger Miene... Foto: Wald

Regen Sie im Zweifel von sich aus Tests an, lassen Sie sich Therapie und Wirkung genau erklären, führen Sie das Tagebuch weiter, um Fortschritte beziehungsweise Rückschläge zu dokumentieren – wovon der behandelnde Arzt sofort unterrichtet werden muss. Und zögern Sie nicht, bei Verunsicherung (tunlichst nicht erst nach wochenlanger, erfolgloser Quälerei) eine weitere Meinung einholen, vorzugsweise von einem Alternativmediziner!

Viele chronische, fortgeschrittene Hauterkrankungen erfordern eine systematische Diagnose und eine intensive Therapie, wofür heute einige gute Medikamente zur Verfügung stehen. Wirkungsvolle Shampoos (baden ist eindeutig eine enorme Stressbelastung, die ihrerseits wiederum Krankheiten begünstigt – lässt es sich absolut nicht vermeiden, verwenden Sie kühles Wasser für juckende Haut!) können mit dermatologischen Sprühlösungen umschifft werden und spezielle Futterzusätze bringen den Hautstoffwechsel wieder ins Gleichgewicht. Es gibt durchaus »friedliche« Wege, die Harmonie wieder herzustellen und Mieze eine akzeptable Lebensqualität zu gewährleisten.

Allzu viel ist ungesund

Die beste Prophylaxe sind Hygiene und ein rundum zufriedenes Tier! Kein Schädling kann wirklich gedeihen, wenn eine seelisch ausgeglichene Mieze ihm ein Bollwerk an Kraft und Kondition entgegensetzt, sich zusätzlich regelmäßiger Kontrolle und Unterstützung bei der Körperpflege erfreuen darf und in einem entsprechenden Umfeld leben kann.

Das heißt nun allerdings nicht, die »beste« Hausfrau von allen ist jene, die pausenlos mit Desinfektionssprays unterwegs ist und zur Pflege von (lebendem wie bewohnbarem) Inventar und Böden die »härtesten Bandagen« verwendet – zweifellos lässt sich damit vieles umbringen, zum Beispiel leider auch gutartige

Nickhautvorfall = wenn das 3. Augenlid (bei, wie hier, völlig normalem Auge) zu sehen ist, deutet immer auf eine ernsthafte Erkrankung hin – selbst als einzig erkennbares Symptom. Foto: Dr. Teichmann

Bakterien, die für uns lebensnotwendige Symbionten sind. Eine sterile Umgebung (in einem Haushalt sowieso illusorisch) wäre lediglich Wegbereiter für eine extreme Anfälligkeit bei Verlassen dieses Glashauses – was in der Regel jeden Morgen geschieht, wenn wir unserem Tagewerk entgegeneilen. Wasser und Seife tun's zumeist auch …

Und weil's so wichtig ist, abschließend nochmals: Bitte denken Sie daran, dass Parasiten eine Pilzbesiedelung ebenso begünstigen wie häufige chemische Medikationen. Unkontrollierte Entwurmungs-Orgien oder Antibiotika-»Kuren« können durchaus ins Gegenteil umschlagen und ein Immunsystem derart schwächen, dass sich der Pilz im ganzen Organismus ausbreitet.

Absolut »natürlich«

Befürworter der Naturheilkunde finden in den entsprechenden Kapiteln eine Fülle von Tipps aus dem Schatzkästlein der Homöopathie. Um das labile, konfuse Immunsystem wieder zu normalisieren und zu stabilisieren, bieten sich auch (teilweise)

- Bachblüten (vorzugsweise für die Seele),
- Magnetfeld- oder Bioresonanz-Therapien
- und selbstverständlich die Akupunktur/Akupressur an, und
- auch die TCM – Traditionelle Chinesische Medizin weiß häufig guten Rat.

Bei frei im Handel erhältlichen »natürlichen« Medikamenten oder ätherischen Ölen sollten Sie allerdings Vorsicht walten lassen. Naturstoff-Präparate sind nicht zwangsläufig ohne Nebenwirkungen, allein wenige Tropfen Teebaumöl (zum Beispiel) können eine Vergiftung = Taumeln, Gewichtsverlust, Zittern, Unruhe und eine allgemeine Schwäche auslösen. Selbst bei zunächst nicht sichtbaren Vergiftungserscheinungen sind Langzeitfolgen, insbesondere nach wiederholter Anwendung, nicht auszuschließen. Unverträglichkeiten variieren von Tierart zu Tierart, also lassen Sie sich durch die möglicherweise phänomenale Wirkung auf Nachbars Lumpi nicht beeinflussen ...

Vitamine und Nutrizeutika – Jungbrunnen für die Haut

Scheint Mieze gesund, aber wir sind mit ihrem Outfit nicht zufrieden, greifen wir hurtig zum »Fell-Allheilmittel« Biotin – kann ja nicht schaden, oder? Auch Nachtkerzenöl (Vorsicht!) gilt als Geheimtipp gegen Haarausfall und raues, trockenes Fell, während Kundige forsch gleich zum gesamten Vitamin-B-Komplex langen. Das sind zwar keine unbedingt schlechten Ideen, aber meist erwischt es das Übel nicht an der Wurzel, denn im Grunde leiden unsere gepflegten Schönen heute nicht mehr an Nährstoffmangel – außer sie sind krank oder brauchen Unterstützung, weil ... siehe Seite 1ff ...

Kommt allerdings vorwiegend Fisch auf den Tisch, wird zu viel Vitamin E zerstört. Das Defizit führt, beginnend mit dem oben erwähnten fettigen und stumpfen Haarkleid zu Fieber, Appetitlosigkeit und Berührungsempfindlichkeit (Rücken, Schwanz, Bauch). Eine Leukozytose (= krankhafte Vermehrung der weißen Blutkörperchen) sowie Verfärbung und Verhärtung des subkutanen (= unter der Haut liegenden) Fetts kann folgen – unbehandelt ist ein tödlicher Verlauf durchaus möglich!

Was in einem anständigen Katzenhaushalt eigentlich gar nicht vorkommen dürfte, ist ein Mangel an essenziellen ungesättigten Fettsäuren. Trockenes Fell und starke Schuppen-

bildung entlarven Mieze als Restverwerter – sprich, sie wird vornehmlich mit menschlicher Nahrung gefüttert. Dass das auf die Dauer nicht gut gehen kann, sollte eigentlich klar sein. Ödeme, Erweiterung der Hautgefäße, krankhafte Vermehrung der weißen Blutkörperchen und allerlei andere vermeidbare Schädigungen sind dann so kostenintensiv zu bekämpfen, dass eine Wagenladung Fertigfutter sicherlich einem Schnäppchen gleichkommt …

Abgesehen von derart eindeutigen Diagnosen hat aber jede Katze einen anderen Bedarf beziehungsweise verwertet Nährstoffe anders. Mit einer Palette von Zusätzen im Fertigfutter wird versucht, dem Rechnung zu tragen. Reichen wir außerdem noch Frisches vom Rind, gedünsteten Fisch oder ebensolches Hühnchen und erkunden, ob die/der Gnädige Butter, Sahne und Frischkäse (worin die meisten Vitamine enthalten sind) goutiert, ist das bestmögliche Spektrum erreicht. Dennoch ist der Begriff »richtige Ernährung« variabel und muss von Fall zu Fall etwas kompliziert eruiert werden, *wenn Mieze nicht zu den Normalverbrauchern zählen sollte.*

Vitamine und eine ausgewogene Ernährung von Kindsbeinen an – nicht erst, wenn »der Hut schon brennt«. Foto: Binder

WARNUNG:
Hüten Sie sich vor einer Überdosierung vor allem fettlöslicher Vitamine = A, D, E, K – lassen Sie sich beraten! Ein Zuviel an wasserlöslichen wird zwar ausgeschwemmt, aber der B-Komplex etwa begünstigt sowohl das Wachstum von Krebszellen als auch das Katzen-Aids- und FIP-Virus.

Ernährungsexperten bringen frohe Kunde, denn sie haben herausgefunden, dass jeder gekochten Tiernahrung (sowohl industriell als auch am heimischen Herd gefertigter) die Nutrizeutika fehlen. Was ist das? Das sind Mikronährstoffe, die aufgrund ihrer extremen Hitzeempfindlichkeit bei der Futterzubereitung verloren gehen – wie Vitamine, die jedoch ebenso wie Mineralstoffe nachher zugesetzt werden (müssen). Die Nutrizeutika scheint bisher niemand vermisst zu haben und ihre Entdeckung verspricht eine mittlere Sensation, denn es gibt mittlerweile rund ein Dutzend Futterzusätze (Apotheke: Richter Pharma/Austria), die bei Heilungsprozessen (Ischias, Hüft/Gelenks/Rückenprobleme) eingesetzt werden, Krankheiten vorbeugen und selbst Übergewichtige wieder gesund-»schrumpfen« können. Ebenso wird für Haut und Fell Hilfreiches angeboten – meine Süßen mussten als Versuchskaninchen herhalten. Schmackhaft fanden sie's zwar erst, als ich das Pulver in der Dosenfutter-Sauce versteckte, aber die Wirkung konnte sich wahrlich sehen lassen: Abgesehen vom glänzender und kräftiger wirkenden Fellkleid gaben sich die Herrschaften insgesamt etwas mehr aufgeblüht.

Und der (vermutlich) größte Futtermittelhersteller lässt uns natürlich auch nicht im Regen stehen, hat er doch mittels Antioxidantien die freien Radikalen unschädlich gemacht und unterstützt durch eine spezielle Zusammensetzung die intakte Funktion des Immunsystems. Für eine allergiegeplagte Mieze wird das trotzdem nicht ausreichen, sie braucht häufig eine spezielle Diätnahrung – die Sie ausschließlich beim Tierarzt (oder nach dessen präziser Anweisung) beziehen sollten, weil sie nur nach Diagnosestellung verabreicht werden darf.

Zur Freude von Haut und Haar, deutlich seltener zur Begeisterung des Zielobjektes, weshalb Sie Futterumstellungen sehr behutsam durch löffelweises Unterjubeln im gewohnten Futter angehen sollten … oder scheitern …

VI. Katzen»haar«-allergie beim Menschen

Auch der Mensch ist ein Produkt von Genen *und* Umwelteinflüssen. Nur wer die Anlage dafür (Asthma, Heuschnupfen, atopische Dermatitis) geerbt hat, kann auch gegen Katzen allergisch werden. Wenig Trost, denn die Zahl der Allergiker steigt – und so ziemlich alles kommt als Auslöser infrage. Spitzenreiter sind Pollen und Hausstaub. Und Tierhaare.

»Nicht schuldig« im Sinne der Anklage

Interessanterweise reagieren nicht alle dafür anfälligen Menschen auf jede Katze gleich, was zu vielerlei Spekulationen Anlass gab und nicht nur bestimmte Rassen, sondern sogar unterschiedliche Fellfarben und den jahreszeitlich bedingten Fellwechsel in Verruf brachte – und als der Weisheit letzter Schluss die haarlose Sphynx als Wunschpartner in den Vordergrund katapultierte. Bei meinen Recherchen blieb mir nicht einmal die finstere ärztliche Aussage erspart, dass der Wechsel der Tarnfarbe beim Wiesel (!) als Auslöser infrage käme. Gewichtigeren Charakters sind Beobachtungen bezüglich Alter und Geschlecht, denn häufig werden Jungtiere und Kater als besonders verdächtig eingestuft – was nicht zwingend von der Hand zu weisen ist.

Weil es nicht das Haar ist, worauf wir allergisch reagieren, sondern das Eiweiß im Speichel der Katze. Kleine Kätzchen werden nun von der Mutter jeden Tag ihres jungen Lebens gnadenlos »niedergeputzt« und bekommen damit ständig Extraportionen ins Fellchen einmassiert. Kater wiederum produzieren aufgrund des männlichen Hormons Testosteron deutlich mehr Allergene (als Kätzinnen) und können darum mittels Kastration gelegentlich entschärft werden.

Mit der (nachgewiesenen) Speichel-Theorie wäre nun aber auch die Rassendiskriminierung nicht mehr wirklich nachvollziehbar, die die lang- oder längerhaarigen Vier-

beiner ganz vorne im Rampenlicht der Verdächtigen sehen will – und die Statistik zementiert den Irrglauben, denn mit einem 64-prozentigen Anteil gehen die Siamkatzen klar in Führung.
Unabhängig von der Beschaffenheit des Pelzmantels teilt nun Mieze zudem als Schmusetier Nummer eins Couch und Bett mit uns, manche wünschen sogar am stillen Örtchen gemeinsam zu meditieren … wir sind also von Allergenen umzingelt. Übrigens auch außerhalb des trauten Heimes: Das Hauptallergen (Feld 1) stammt aus den Speichel- und Talgdrüsen, hängt im Fell und haftet sich an Mikrometerkleine Staubpartikel – die so leicht sind, dass sie dummerweise eher weniger zu Boden fallen (und per Staubsauger entsorgt werden könnten), sondern bevorzugt fliegen. Und zwar nahezu überall, *auch dort, wo's gar keine Katzen gibt – zum Beispiel in der Arktis* (wie einer Fachzeitschrift der Lungen-Union zu entnehmen war). Das ist die schlechte Nachricht, ...

Der Mohr kann gehen?

… der Allergieambulanzen üblicherweise noch eins draufsetzen mit der freudlosen Kunde: »Die Katz' muss weg«. Nun ist mit einer Allergie nicht zu spaßen und von alleine verschwinden wird sie auch nicht, sondern könnte sich bei Ignoranz bis zum Asthma aufschaukeln. Verantwortungsvolle Ärzte – die den seelischen Trennungsschmerz von Mensch und Katze berücksichtigen und diese Art von zusätzlicher Stressbelastung richtig interpretieren – räumen daher nicht einfach alle Hindernisse = Haustiere aus dem Weg, sondern verordnen zunächst eine Reihe genauer Tests. Sie allein können den tatsächlichen Beweis erbringen, dass es an Mieze liegt und nicht an einer anderen Ursache. Die dafür notwendigen tagelangen Tests mit eklig-unangenehmen Hautritzungen verweist ein revolutionäres neues Produkt in die Steinzeit:

- Mithilfe eines Biochips (eine Art Teststreifen) können aus einem einzigen Tropfen Blut innerhalb von zwei Stunden mehr als 1000 Allergene ausgetestet werden (www.vbc-genomics.com)

Die Frohbotschaft der Behandlungsmöglichkeiten ist eine vielfältige und zieht einen Bogen von »klassischen« Tabletten/Salbenkuren (die ich hier nicht näher erläutern kann) über Inhalatoren bis zu »futuristisch« angehauchten Methoden, deren Existenzberechtigung in der Tat wirklich beachtenswert ist:

Zwei kleine »Mäuse« – ein Team! Wer hätte das Herz, sie zu trennen? Foto: Wagner

- Experten raten bevorzugt zu einer Desensibilisierung. Untersuchungen in Dänemark und Schweden haben gezeigt, dass bei dieser Methode die Allergiebereitschaft bei 94 Prozent(!!) der Patienten deutlich abgenommen hat.
  Dabei werden von einem erfahrenen Allergologen standardisierte, gereinigte Allergene anfangs in so geringer Dosis verabreicht, dass der Körper keine Reaktion zeigt. Über Monate wird danach die Dosis ganz allmählich erhöht, bis sich der Organismus an das Allergen gewöhnt hat. Langwierig, aber effektiv.
- Im John Hopkins Asthma and Allergy Center, Baltimore, Maryland/USA wurden mit beachtlichem Erfolg »zwei 27 Aminosäuren lange Peptide« (Peptide mit T-Zell Epitopen) injiziert, die auf der Struktur des Katzen-Allergens Feld 1 beruhen. Liberale Mediziner werden sich gern weiter informieren.
- Die ausgesprochen heilsame Wirkung der »Katzenkralle« (Krallendorn = ein Rheumamedikament aus dem Dschungel Perus) auf das Immunsystem wird auch als Hilfe bei anderen Autoimmunerkrankungen (Asthma, Neurodermitis, Multiple Sklerose) diskutiert (Institut für Pharmakognosie/Universität Wien, www.immodal.com).

Wem das alles zu kompliziert erscheint oder keinen aufgeklärten Mediziner aufstöbern kann (das Internet ist eine unglaubliche Fundgrube!, siehe Kasten), dem bliebe (abgesehen von der herkömmlichen Praxis) noch

- eine biophysikalische Behandlung: Bioresonanz- oder Bicom-Therapien (nach der Bioresonanz-Methode) konnten vielfach Positives verbuchen. Dabei werden mittels elektrischer Schwingungen Stressoren aufgespürt und regulierend in das Immunsystem eingegriffen (siehe Literaturliste),
- die mehr als überaus effektive Akupunktur,
- die Hilfe der TCM = Traditionellen Chinesischen Medizin,
- außerdem ist – relativ neu – eine Schluckimpfung gegen verschiedene Allergene auf dem Markt.

Und auch der Homöopath weiß Rat

Wobei Sie nicht vergessen sollten, dass eine Allergiebereitschaft im Prinzip nicht heilbar ist – es handelt sich ja um keine eigenständige Erkrankung –, sondern nur insoweit

»in Schach« gehalten beziehungsweise auf ein Minimum reduziert werden kann, damit sie die Lebensqualität nicht beeinträchtigt.

- Eine Nosode aus dem Katzenallergen und dem Blut des Patienten wird in steigender Potenz alle zwei Wochen gespritzt. Geduld (und ein erfahrener Homöopath) sind vonnöten, denn die Kur kann bis zu 12 Monate dauern.
- Bei verschiedenen Allergien wie Bronchialasthma, Heufieber und Hautausschlägen (die jucken und brennen) wird der Fachmann zu Acidum formicicum D4 greifen – den Sie brauchen, weil die orale Anwendung nichts bringt, sondern das Mittel injiziert werden muss. Kleiner Hinweis am Rande: Acidum formicicum = Ameisensäure: In der Volksmedizin wurden früher Gliedmaßen mit solchen Ausschlägen schlicht in einen Ameisenhaufen gesteckt …
- Wenn Sie schon allein der Gedanke an eine Spritze schaudern lässt: Nosoden aus dem Katzenallergen (etwa Katzenhaar) können auch oral nützlich sein: jeweils D30, 1 x täglich für 7-10 Tage (Erstverschlechterung berücksichtigen), bei Bedarf wiederholen oder nach der Kur 1 x pro Woche als Dauerindikation.
- Als gutes allgemeines Antiallergikum gilt Galphimia glauca D30,1 x täglich für 7-14 Tage. Auch hier gilt wie oben: bei Bedarf wiederholen, aber nicht unkontrolliert einnehmen, sonst landen Sie ein Eigentor.

Tipp

Der Einsatz von Homöopathika richtet sich nach den Leitsymptomen. Egal, ob Elefant, Mensch oder Maus: Alle sprechen bei gleicher Symptomatik auf das gleiche Präparat in der gleichen Potenzierung, Dosierung und Menge an – also, vielleicht finden Sie ja auch im »Katzenteil« ein passendes Mittel und nehmen es zusammen mit Mieze – treulich vereint.

Zusätzlich zu jeglicher Therapie wird gern ein Luftfilter empfohlen und dass das Schlafzimmer zur Tabuzone erklärt werde. Eher zwischen brutal und seltsam angesiedelt erscheinen mir die Vorschläge, entweder Mieze täglich zu waschen (!) oder sich für eine Freilandkatze zu entscheiden – im Tausch gegen die, die wir schon haben? Oder schubsen wir den Tiger rüde vom Sofa und aus der Tür? – und künftig »staubarm« zu logieren, soll präzise heißen: ohne Polstermöbel, Teppiche und Gardinen … hört sich heimelig an. Vor allem, wenn wir uns daran erinnern, wie gern die Dinger fliegen. Aber Placebo-Effekte sind natürlich nicht zu unterschätzen.

Große Hilfe für die Kleinen

Glücklich, wer noch in den Kinderschuhen steckt. Während seit Jahr und Tag hartnäckig empfohlen wird, Kinder von Katzen (und allen anderen Haustieren) penibel fern zu halten, wenn in ihrer Familie Allergiebereitschaft besteht – und, sofern dieses bislang nicht bekannt war, unzählige tränenreich mit der

Eine der besten »Vorbereitungen aufs Leben« ist für Kinder allemal ein Haustier …
Foto: Wald

… sie lernen, Rücksicht zu nehmen… Foto: Wald

seelischen Belastung zu kämpfen hatten, weil der Zimmertiger ohne viel Federlesens entfernt wurde … zeigen neue Erkenntnisse ein Herz für das kleine Dreamteam: Experten des Asthma and Allergic Deseases Center an der Universität von Virginia/USA sowie ein Forschungsteam der Universität Göteborg stellten (unabhängig voneinander) fest, dass der frühkindliche Kontakt zu einer Immunantwort führt, welche allergisches Asthma verhindert. Zu deutsch: Je früher ein Kind einen tierischen Partner bekommt, desto eher kann sich das Immunsystem »daran gewöhnen«. Es zeigte sich sogar, dass die Rate an allergischen Sensibilisierungen umso niedriger lag, je intensiver der Kontakt zur Katze war. Allgemein verständliche Parallele: In ländlichen Gegenden liegt die Allergierate um ein Vielfaches niedriger als in den Städten – weil Landkinder einfach insgesamt mehr Kontakt mit dem lieben Vieh haben. Auch mit Katzen.

Eine weitere Vermutung wurde mittlerweile durch Forschungsergebnisse bestätigt, nämlich dass die Immunisierung im Kindesalter auch damit zusammenhängt, dass in Haushalten mit Tieren das Hygieneverständnis »normaler« abläuft = beispielsweise Kind und Hund/Katze schon mal vom gleichen Brötchen die Wurst herausangeln, Erde »kosten« oder in Schlammpfützen herumhüpfen, ohne dass dies sofort eine Desinfektions- und/oder Badeorgie auslöst. Übertriebene Hygiene verhindert, wie schon erwähnt, eine vollständige Ausbildung und »klaglose Funktion« des Immunsystems – wie wir eben bei allem, das wir exzessiv betreiben, der Natur und ihren Gesetzen entgegenwirken.

… und haben einen Kuschelpartner, der immer ein offenes Ohr für Geheimnisse hat. Foto: Binder

Harmonie – wahrscheinlich der wichtigste Stützpfeiler für unser aller Gesundheit.
Foto: Wald

Epilog

Kryptische Tendenzen

Die Medizin ist von Mystik behaftet, seit Menschen sich damit befassen. Das hat sich bis heute nicht geändert, weil sie noch dazu immer komplexer wird, als dass wir ihr folgen, sie nachvollziehen könnten. Trotzdem geht ohne Forschung gar nichts und wir brauchen sie auch. Nur die Richtung erscheint gelegentlich suspekt, denn sie ist freilich auch Vorreiter für Dinge, die uns häufig einfach Angst machen, wie Gentechnik etwa. Schweine mit Spinat-»Genen«, federlose Hühner und Katzen mit Dackelbeinen lassen uns nicht ohne Grund vermuten, hier fehle der Respekt vor dem Leben und alles was zählt, wäre der »Fortschritt« – egal, wohin er uns führt. Selbstverständlich zählen auch Allergien zu einem beliebten Betätigungsfeld, aber nicht immer ist Sinniges zu vermelden.

Eine der neuesten Intelligenz-Attacken – sozusagen in Umkehrung der haarlosen Sphynx (die eigentlich eine ganz natürliche Rasse ist) – verspricht nun das (selbstverständlich bereits patentierte) Verfahren eines amerikanischen Arztes die ultimative Lösung: Diejenigen Gene der Katze, welche für die allergische Protein freisetzende Drüse zuständig sind, werden inaktiviert. Sprich: schlicht und ergreifend entfernt, wobei man logischerweise davon ausgeht, dass eine solche Katze dieses Gen auch nicht mehr vererben kann. Ergo der Zucht allergenfreier Katzen nichts mehr im Wege stünde. Ob wir damit dem Trüpplein von Krüppelchen ein weiteres Opfer eingemeinden können? Was für eine »schöne«, neue Welt!

Wunderheiler gäb's natürlich auch noch. Sie glauben gar nicht, wie viele gutgläubig (meist eher verzweifelt) Hoffende auf Inserate wie »Heilung aus dem Kosmos« – als Okkasion sogar per Fernwirkung! – oder anderweitig tätiger Scharlatane tatsächlich anspringen. In der Regel kostet es Nerven und ziemlich viele Mäuse – reichlich ungünstig angelegt, denn Mieze und die Allergie pflegen bedauerlicherweise völlig unbeeindruckt zu bleiben ... während des Wartens auf die spirituelle Erleuchtung (die anderswo durchaus ihre absolute Berechtigung hat) aus den höheren Sphären, die sich nicht und nicht einstellen will, bleibt die Patientin derweil womöglich auf der Strecke.

Wunderheiler? Wer braucht denn sowas? Ich wohne bei vernünftigen Leuten!
Foto: Binder

Weshalb mir abschließend noch eine Empfehlung auf dem Herzen liegt: Der Grat zwischen Realität und Mirakel ist manchmal sehr schmal und die Sorge um das Wohl unseres pelzigen Herzensbrechers lässt uns schon mal das Heil auf seltsamen Pfaden suchen. Bleiben wir bei solch diffizilen Aufgaben am Boden der Tatsachen, sie sind schon kompliziert genug. Wenn wir ärztliche Diagnosen und Therapievorschläge vergleichen und den eigenen, gesunden Menschenverstand – samt Unterbewusstsein = Vorahnungen, die ja auch metaphysischen Ursprungs sind – die Entscheidung treffen lassen, ist unserem Schätzchen zweifellos sehr viel mehr geholfen. Denn das Wunder ist beeinflussbar, liegt es in unserer Hand …

Literatur zum Thema

Dr.med. Peter Schumacher
Allergien gegen Tiere sind heilbar
Regensburg/1995

George McLeod
Homöopathischer Ratgeber Katzen
München/1992

H.G. Wolff
Unsere Katze gesund durch Homöopathie
Regensburg/1983 (Erstauflage)

Dr.med.vet. Wolfgang Becvar
Naturheilkunde für Katzen
Stuttgart/1996

Kraft/Dürr (Hrsg.)
Katzenkrankheiten
Hannover/1985 (2. Ausgabe)

Katzenzeitschriften

KATZEN extra
Symposion Verlag
www.symposion-online.de

Geliebte Katze
Gong Verlag

Rund um die Katze

Diese Reihe begleitet den Katzenbesitzer Schritt für Schritt durch alle möglichen Stadien eines »Lebens mit der Katze«. Die einzelnen Bände bauen aufeinander auf und ergänzen sich. Die Inhalte bieten wertvolle Hilfestellungen rund um das Miteinander von Katze und Mensch und tragen dazu bei, die Katze zu verstehen und Fehler im Umgang mit ihr zu vermeiden.

Sabine Jansen-Nöllenburg
Katze und Kind
92 Seiten, 35 Farbbilder
Bestell-Nr. 41373

Sabine Jansen-Nöllenburg
So bleibt die Katze gesund
96 Seiten, 35 Farbbilder
Bestell-Nr. 41417

Sabine Jansen-Nöllenburg
Unsere Katze bekommt Junge
96 Seiten, 35 Farbbilder
Bestell-Nr. 41390

Sabine Jansen-Nöllenburg
Unsere Katze zieht ein
96 Seiten, 35 Farbbilder
Bestell-Nr. 41359

Sabine Jansen-Nöllenburg
Wir wollen eine Katze
96 Seiten, 36 Farbbilder
Bestell-Nr. 41358

Sabine Jansen-Nöllenburg
Wie Katzen mit uns reden
96 Seiten, 35 Farbbilder
Bestell-Nr. 41374

Christine Klinka
Unsere Katze spinnt
96 Seiten, 32 Farbbilder, 4 Zeichnungen
Bestell-Nr. 41416

Christine Klinka
Wir stellen unsere Katze aus
96 Seiten, 35 Farbbilder
Bestell-Nr. 41391

Christine Klinka
Müssen Katzen wirklich raus?
Es gibt viele Arten von Freiheiten für unsere Katzen. Dieses Buch zeigt sie auf und sagt auch, was zu tun ist, wenn die Mieze nicht mehr nach Hause kommt.
96 Seiten, 35 Farbbilder
Bestell-Nr. 41439

Jeder Band unserer erfolgreichen Reihe kostet
€ 7,95 sFr 14,20/€(A) 8,20

Müller Rüschlikon

Ihr Verlag für Katzen-Bücher

Gewerbestraße 10, CH-6330 Cham
Postfach 4161, CH-6304 Zug
Telefon ++41(0)41 740 30 40
Telefax ++41(0)41 741 71 15

Stand Juni 2002 – Änderungen in Preis und Lieferfähigkeit vorbehalten